空心莲子草上的烟粉虱伪蛹

苦荬上的烟粉虱伪蛹

小飞蓬上的烟粉虱伪蛹

蔬菜残株上的烟粉虱伪蛹

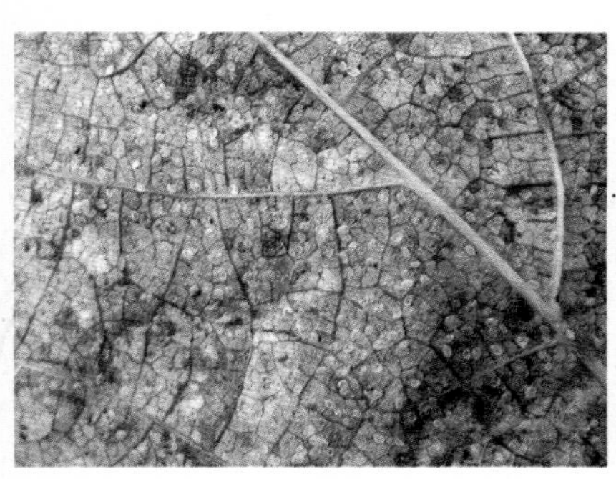

扁豆叶背越冬烟粉虱

烟粉虱危害桑树

烟粉虱危害番茄

烟粉虱传播辣椒病毒病

烟粉虱危害辣椒

受烟粉虱危害严重的秋延后大棚辣椒

烟粉虱危害棉花

烟粉虱危害棉花全景

烟粉虱危害南瓜

烟粉虱危害茄子

烟粉虱危害烟草

瓢　虫

草蛉卵

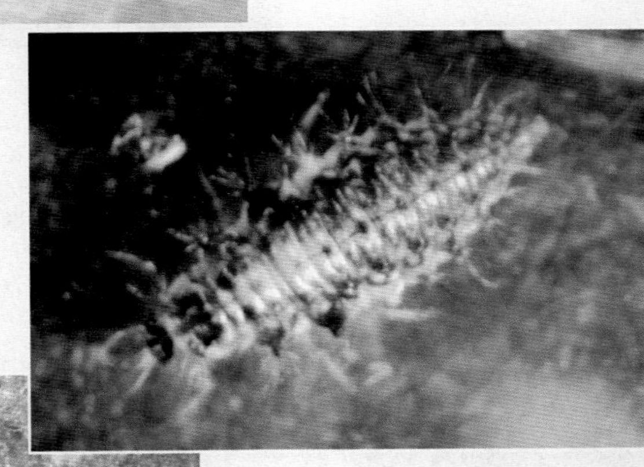

草蛉幼虫

草蛉幼虫取食
烟粉虱若虫

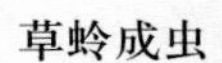

草蛉成虫

农作物重要病虫害防治技术丛书

烟粉虱及其防治

主　编

张宏宇

副主编

饶　琼　周国珍　罗汉钢　汪细桥

编著者

（按姓氏拼音排序）

罗汉钢　饶　琼　史婵娟　万　珊　汪细桥

王平坪　徐爱仙　张宏宇　周国珍

金盾出版社

内 容 提 要

本书由武汉华中农业大学、湖北省植保总站和武汉市蔬菜技术服务总站专家编著。主要介绍烟粉虱的危害与形态识别、生物学特性与生态学特性、田间调查与预测预报及综合防治技术。该书内容丰富系统，讲解深入浅出，具有较强的理论性及实用性，适用于专业技术人员、农技推广人员及农业院校和科研院所的相关人员阅读参考。

图书在版编目(CIP)数据

烟粉虱及其防治/张宏宇主编 .—北京：金盾出版社，2010.1

(农作物重要病虫害防治技术丛书)

ISBN 978-7-5082-6055-6

Ⅰ.烟…　Ⅱ.张…　Ⅲ.粉虱科—植物虫害—防治　Ⅳ.S433.3

中国版本图书馆 CIP 数据核字(2009)第 189798 号

金盾出版社出版、总发行

北京太平路 5 号(地铁万寿路站往南)

邮政编码:100036　电话:68214039　83219215

传真:68276683　网址:www.jdcbs.cn

北京金盾印刷厂印刷

永胜装订厂装订

各地新华书店经销

开本:787×1092 1/32　印张:4.375　彩页:4　字数:95 千字

2010 年 1 月第 1 版第 1 次印刷

印数:1～8 000 册　定价:8.00 元

前 言

烟粉虱(Bemisia tabaci Gennadius)寄主植物范围广泛，包括74科600多种植物。近年来，烟粉虱在全世界不断扩散蔓延,已成为一种世界范围的灾害性害虫。根据烟粉虱的寄主范围、寄主植物适应能力以及植物病毒传播能力的不同，烟粉虱又分为多种生物型。目前,世界上烟粉虱已有26个生物型，但主要是A生物型和B生物型,这2种生物型全世界均有分布,其他生物型只是区域性分布。其中B生物型寄主范围广,产卵量大,抗药性和存活力强,能传播病毒,危害最为严重。

20世纪80年代以来,随着花卉和其他苗木的调运,B生物型烟粉虱在世界各地广泛传播与蔓延,已成为全球性的问题,带来的经济损失平均每年超过3亿元,是国际上最重要的100种外来入侵生物之一。近年来,Q生物型烟粉虱越来越引起国际上的高度重视,在一些作物上具有更短的发育历期和更强的危害性,对烟碱类农药具有更稳定的抗药性。在西班牙的南部地区,Q生物型烟粉虱在番茄、辣椒、莴苣等作物上比B生物型烟粉虱发生更为严重,危害也更大。我国Q生物型烟粉虱2005年首次在云南省昆明市花卉市场被发现,后来在北京市海淀区、河南省郑州市陆续发现了Q生物型烟粉虱的危害。2005年,湖北省武汉市蔬菜上烟粉虱大暴发,并在湖北省各地不断扩散蔓延,采用现代分子生物学技术发现其中包括B生物型和Q生物型在内的3种生物型。烟粉虱已成为蔬菜、花卉和棉花等作物上的主要害虫之一,严重影响这些作物的安全生产。为适应当前烟粉虱防治工作，满足有关科研人员和农技人员，特别是农民朋友以及基层农技人员对烟粉虱防治科学知识的需要，在湖北省科技攻关计划项目(2007AA201C74)、武汉市科技计划项目(200720422145-2)的支持下，我们编写了《烟粉虱及其防治》一书。

本书是笔者在长期教学、科研的基础上，参考目前国内外烟粉虱及其防治研究的进展和成果编写而成。全书主要分为4部分：烟粉虱的危害与形态识别、烟粉虱生物学特性与生态学特性、烟粉虱的田间调查与预测预报以及烟粉虱综合防治。

由于时间仓促，书中难免存在不足之处，敬请广大读者批评指正。同时，对本书编写过程中引用和参考的所有著作的作者表示谢意。

编著者

目　　录

第一章　烟粉虱的危害与形态识别

一、烟粉虱的发生与分布

烟粉虱最早于 1889 年在希腊烟草上发现，被命名为烟粉虱(*Aleyrodes tabaci* Gennadius)。1894 年，在美国佛罗里达州的甘薯上发现新北区的第一头烟粉虱，当时定名为甘薯粉虱(*Bemisia inconspicua* Quaintance)。由于其伪蛹形态变异大，以及寄主植物的不尽相同，不同地区对烟粉虱的命名各不相同。1957 年，Russell 对 *Bemisia* 标本进行了进一步的确认，认为 *B. tabaci* 有 19 个异名种。1978 年，烟粉虱的同种异名达到 22 个。烟粉虱最常用的同种异名有甘薯粉虱(sweet-potato whitefly)、棉粉虱(cotton whitefly)等。1994 年，国外学者利用同工异构酶、交配行为以及蛹壳前亚缘区刚毛的有无等外部形态特征将 B 生物型烟粉虱命名为新种：银叶粉虱(*Bemisia argentifolii* Bellow & Perring)。至此，烟粉虱的分类地位引起高度重视，很多学者利用烟粉虱的个体大小等形态学特征、行为学特征、生殖力、寄主范围、危害程度，以及抗药性程度、传播银叶病的能力、生化、分子生物学等方法进行鉴别。

根据烟粉虱的寄主范围、植物病毒传播能力以及抗药性水平的不同，将烟粉虱分为不同的生物型(biotype)，到目前为止，烟粉虱至少有 26 个生物型，包括 A、AN、B、B2、C、Cassava、D、E、F、G、GH、H、I、J、K、L、M、N、NA、Okra、P、Q、R、

S 型，以及随后报道的 T、Ms 型，但是目前仍有多个种群尚未被认定。在世界范围内危害范围最广、危害程度大的烟粉虱生物型是 B 型，以至于 1991 年美国《科学》杂志将 B 生物型烟粉虱称为“Superbug”（超级害虫）。近些年，Q 生物型烟粉虱由于其更强的抗药性，也被广泛关注。

(一)世界分布

早期发现的烟粉虱分布在热带、亚热带及部分温带地区，是这些地区的重要害虫。20 世纪 80 年代以前，烟粉虱主要在一些产棉国如美国、苏丹、巴西、埃及、伊朗、印度、土耳其等国家的棉花上造成一定的危害。20 世纪 80 年代以后，逐渐发现烟粉虱除了危害棉花，还危害蔬菜和花卉，墨西哥的番茄、也门的西瓜、印度的豆类、日本的一品红等都曾遭受到烟粉虱的严重危害。尤其到 20 世纪 90 年代末，由于各国之间贸易和交流的增多，烟粉虱借助苗木和花卉等经济作物的调运广泛扩散。目前，除南极洲外，烟粉虱广泛分布于欧洲、美洲、非洲、亚洲和大洋洲的 90 多个国家和地区，是美国、巴西、以色列、埃及、意大利、法国、泰国、印度等国家棉花、蔬菜和园林花卉等植物的主要害虫之一。现在烟粉虱的分布与危害已经超过了温室白粉虱，成为全球性苗木和花卉的主要害虫。

(二)中国分布

我国对烟粉虱的最早记载是 1949 年，主要分布在长江流域以南的广东、广西、海南、福建、云南、上海、浙江、江西、湖北、四川、陕西、台湾等地，而且在很长一段时间，烟粉虱都没有被列为主要的经济害虫。20 世纪 90 年代末，B 生物型烟粉虱传入我国，经过几年的传播和扩散，在我国南方多种作物上暴发成灾，并导致烟草、番茄、南瓜和番木瓜等作物上双生病毒病的流行，严重危害到我国种植业的安全。1997年，烟粉虱在广东东莞造成危害，随后在各地的危害逐年加重。1998年在新疆乌鲁木齐的一品红上发现烟粉虱，随后在新疆石河子、哈密、库尔勒、克拉玛依等地的花卉上也陆续发现。1999年在吐鲁番棉花试验田发现烟粉虱取食危害后引起煤污病，使得该地区棉花纤维遭受污染，严重影响了棉花的品质和产量。近些年来，随着我国温室大棚和设施园艺的迅速发展，烟粉虱在我国一些地区大量发生，如北京、天津、辽宁、河北、山东、山西等地也都发现有烟粉虱危害。2000年对北京地区蔬菜、花卉以及一些经济作物的调查中发现，烟粉虱对黄瓜、茄子、甜瓜、番茄和西葫芦的危害十分严重，造成的减产损失达70%以上。

二、烟粉虱形态特征与识别

（一）粉虱的主要类别

到目前为止，全世界已有记录的粉虱有1 420种。粉虱属于同翅目，粉虱科，*Bemisia* 属。体型微小，身体表面一般被白色蜡粉，刺吸式口器，危害棉花、花卉、蔬菜等作物。粉虱科又分为3个亚科，即粉虱亚科（Aleyrodinae）、原脉粉虱亚科（Udamoselinae）和三爪粉虱亚科（Aleurodicinae）。粉虱亚科种类多，其中的一些种类在生产上造成严重危害。三爪粉虱亚科主要分布于南美洲，在我国南方地区也有少量的分布，危害情况不严重。原脉粉虱亚科种类少，人们几乎没有采集到该亚科种类，该亚科可能是根据以前采集的成虫标本建立的。

粉虱科分类所用方法基本还是常规的方法，而诸如利用行为学、分子生物学、电子显微镜观察及计算机等新的分类研究方法只是在局部范围内应用。粉虱科昆虫分类主要是依据第四龄幼虫（蛹壳）的特征。造成这种现象的主要原因是：粉虱成虫期较短，不易采集，且成虫之间形态差异不明显。而粉虱蛹壳一般固定在植物叶片上，一年四季都可见到，采集方便，且蛹壳阶段的特征分化较为显著，为粉虱的分类提供了方便。伪蛹蛹壳特征是烟粉虱分类的主要依据。蛹壳的特征主要包括管状孔、尾脊、亚背盘刚毛、瘤状突起等。除此之外，还包括蛹壳的形状、大小、颜色、边缘、背面特征、背刚毛、刺毛、胸部和腹部气管褶、孔、冠、裂、皿状孔的特点。粉虱蛹壳皿状孔的特征是粉虱分类最重要的依据。

经过几代科学家的努力，现在我国已经发现的粉虱种类约有 170 种，分属于 31 属 2 亚科。由于我国地域辽阔，植物种类丰富，目前发现的粉虱种类远不能代表我国的实际情况，我国的粉虱分类研究还有很多工作要做。

根据蛹壳特征进行分类，我国常见的粉虱主要有：黑刺粉虱、橘绿粉虱、非洲小粉虱、温室粉虱以及烟粉虱等。各粉虱蛹的形态特征见图 1-1 至图 1-4。

（二）烟粉虱的形态特征

1. 成虫 体色淡黄，翅白色无斑点，且被有白色蜡粉。雌虫体长约 0.91 毫米，雄虫体长约 0.85 毫米。有触角 7 节。复眼黑红色，分上下两部分。前翅 2 根纵脉，后翅 1 根纵脉。跗节有 2 爪，中垫狭长如叶片。雌虫尾端尖形，雄虫尾端呈钳状。

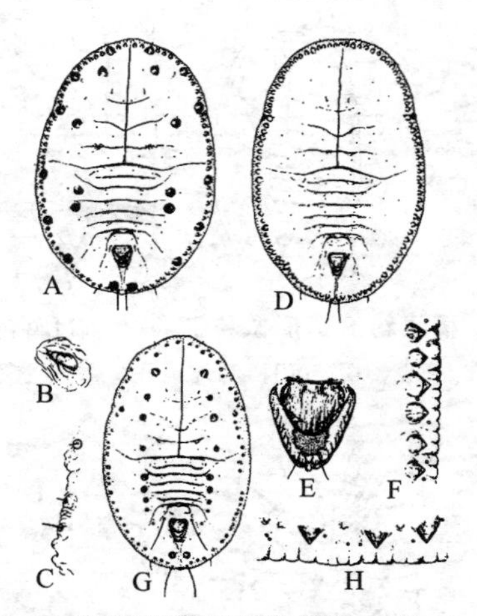

图 1-1 温室粉虱蛹形态特征 （仿 Martin）

A～C 少毛叶片上的温室粉虱：A. 蛹壳　B. 胸气孔　C. 中足基部内侧 D～F 光滑叶片上的温室粉虱：D. 蛹壳　E. 皿状孔　F. 部分蛹壳边缘 G. 多毛叶片上的温室粉虱　H. 光滑坚硬叶片上的温室粉虱的部分蛹壳边缘，包括退化的乳突和较宽的边缘褶

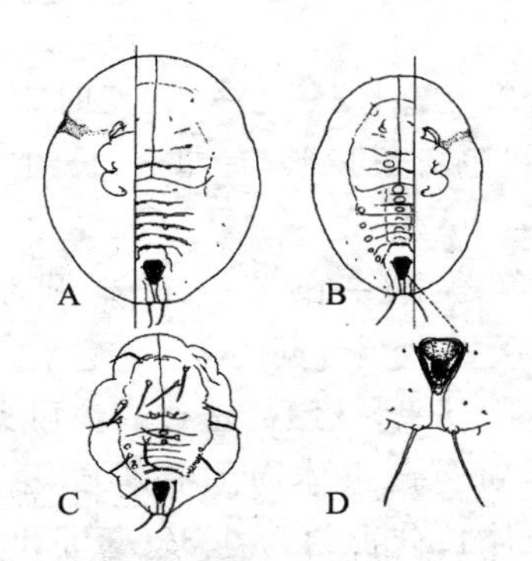

图 1-2 烟粉虱蛹形态特征 （仿 Martin）

A～C. 烟粉虱的不同形态蛹壳　D. 放大的皿状孔

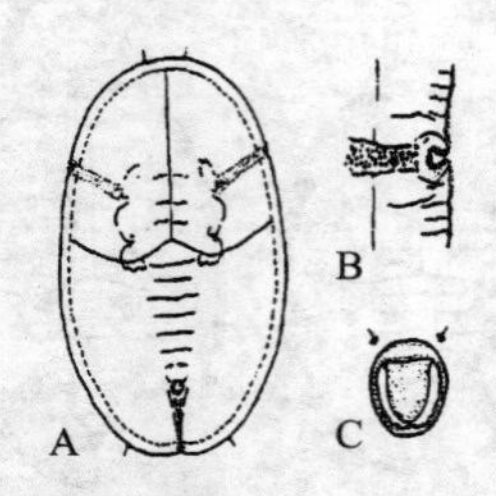

图 1-3　橘绿粉虱蛹形态特征　（仿阎凤鸣和李大建）

A. 蛹壳　B. 气门褶和气门孔　C. 皿状孔

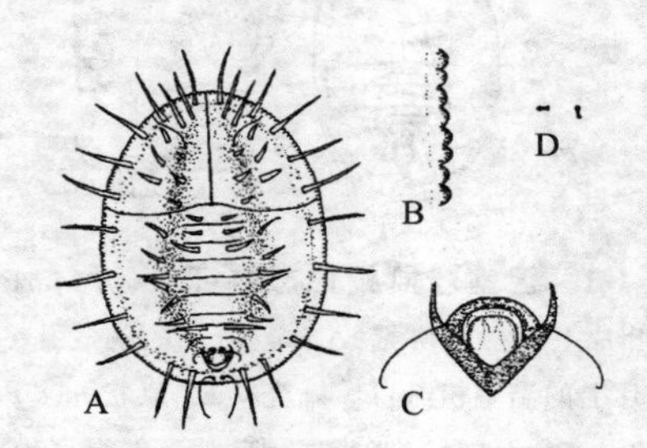

图 1-4　黑刺粉虱蛹形态特征　（仿阎凤鸣和李大建）

A. 蛹壳　B. 缘齿　C. 皿状孔　D. 背槌状刚毛

2. 卵　长约 0.2 毫米，有光泽，初产时为淡黄绿色，孵化前颜色加深至深褐色。长梨形，有卵柄，长约 0.21 毫米，宽约 0.096 毫米。

3. 若虫　初孵若虫（一龄若虫）呈椭圆形，灰白色，稍见透明，扁平，长约 0.27 毫米，宽约 0.14 毫米。触角 3 节。足发达，分为 4 节。腹部平，从腹部透过表皮可见 2 个黄点。背部微隆，淡绿色至黄色。虫体周围有蜡质短毛，尾部有 2 长毛。二、三龄若虫体长分别约为 0.36 毫米和 0.5 毫米，足和触角退化为 1 节，仅留有口器。也有人发现烟粉虱若虫长至二龄后触角会退化成小棒状，足退化至基部 2 节。

4. 伪蛹(四龄若虫) 粉虱的变态与其他同翅目昆虫不同,类似于全变态,四龄若虫常被称为伪蛹。有学者认为,烟粉虱若虫在四龄期存在3个不同形态的亚龄期:前期扁平,半透明,能够取食;中期虫体变厚,逐渐变成乳白色,不透明,体背和四周长出蜡质刺状突起,此期表皮与真皮开始发生解离;后期形成成虫的雏形,双眼红色,身体黄色,完成表皮与真皮的解离,成虫表皮形成。一般认为,在末龄若虫期与成虫期之间并没有一个明显的虫态,因此可将四龄后期也就是皮层解离完成后的不取食阶段称之为"蛹",而整个末龄虫态仍然称为四龄若虫。但是,对上述看法还存在一定的争议。

烟粉虱伪蛹长约0.7毫米,椭圆形,后方稍收缩。淡黄白色,有黄褐色斑纹。背面显著隆起。蛹壳黄色,长0.6～0.9毫米,尾部有1对刚毛,背面有1～7对粗壮的长刚毛或无毛。管状孔呈三角形,长大于宽,距蛹壳边缘的距离比管状孔长度稍短,孔后端有小瘤状突起,孔内缘有不规则的齿。盖瓣半圆,近心脏形,覆盖孔口约1/2。舌状器呈长匙形,明显伸出于盖瓣之外,末端有2根刚毛。腹沟清楚,由管状孔后通向腹部末端,其宽度前后相近。腹部分节区边缘及中央有1列结节,亚缘区有短毛。胸部气道口明显下凹,近蛹壳边缘稍扩大,有8～10个锯齿,骨化程度比其他缘齿要强。

不同种类烟粉虱蛹壳的基本特征变化较大,种群形态存在变异,变异往往与所在寄主植物形态有关系。一般在有茸毛的植物叶片上,多数蛹壳背部有刚毛;而在光滑的植物叶片上,则多数无刚毛。其他方面的差异还包括虫体的大小及边缘不规则等。

(三)烟粉虱与温室粉虱的区别

烟粉虱和温室粉虱均属同翅目粉虱科,同为世界性害虫。温室粉虱广泛分布于亚洲、欧洲、非洲和美洲的 63 个国家和地区。我国温室粉虱于 1976 年在北京大暴发,造成了严重的损失。我国北方一直都以温室粉虱危害为主。但是近年来,在北京地区的蔬菜、花卉及一些经济作物上暴发危害的粉虱均为烟粉虱。已经知道的温室白粉虱寄主包括 82 科 281 种,我国已知 70 科 270 种,分布在全国 20 多个省、自治区、直辖市,主要危害温室、大棚等保护地蔬菜及露地果菜类蔬菜,是我国蔬菜生产上的重要害虫。

温室粉虱和烟粉虱有许多共同的寄主,常混合发生。两种粉虱形态相似,体表均被白色蜡粉,从外观上很难区别。而且两种粉虱都是直接刺吸植物汁液危害,同时分泌蜜露而诱发煤污病。但是二者在形态特征、对植物的危害特点方面还是有很多不同之处,其主要区别见表 1-1。

表 1-1　烟粉虱和温室粉虱的主要区别

项　目	烟粉虱	温室粉虱
卵	1. 卵散产 2. 卵在孵化前呈白色至黄色或琥珀色,不变黑,近孵化时为褐色	1. 卵一般在光滑叶片上呈半圆形或圆形排列,在多毛叶片上则散产 2. 卵初产时由白色至黄色,近孵化时为黑紫色。卵上覆盖有成虫产的蜡粉,较明显
若　虫	体缘一般无蜡丝	体缘一般有蜡丝,且各龄期的虫体大小均大于烟粉虱

续表 1-1

项目		烟粉虱	温室粉虱
四龄若虫(伪蛹)	解剖镜检	1. 蛹淡绿色或黄色,长0.6～0.9毫米 2. 蛹壳边缘扁薄或自然下陷,无周缘蜡丝 3. 胸气门和尾气门外常有蜡缘饰,在胸气门处呈左右对称 4. 蛹背蜡丝不常随寄主而异	1. 蛹白色至淡绿色,半透明,长0.7～0.8毫米 2. 蛹壳边缘厚,蛋糕状,周缘有均匀发亮的细小蜡丝 3. 蛹背面通常有发达的直立蜡丝,有时随寄主而异
	制片镜检	1. 瓶形孔长三角形,舌状突呈长匙状,顶部三角形,具1对刚毛 2. 管状肛门孔后端有5～7个瘤状突起	1. 瓶形孔长心脏形,舌状突短,上有小瘤状突起,轮廓呈三叶草状,顶端有1对刚毛 2. 亚缘体周边单列分布60多个小乳突,背盘区还对称有4～5对较大的圆锥形大乳突(第四腹节乳突有时缺)
成虫		1. 雌虫体长0.91毫米±0.04毫米,翅展2.13毫米±0.06毫米。雄虫体长0.85毫米±0.05毫米,翅展1.81毫米±0.06毫米 2. 虫体淡黄白色至白色,前翅脉一条、不分叉,左右翅合拢呈屋脊状,通常两翅中间可见到黄色腹部 3. 大小随寄主有差异	1. 雌虫体长1.06毫米±0.04毫米,翅展2.65毫米±0.12毫米。雄虫体长0.99毫米±0.03毫米,翅展2.41毫米±0.06毫米 2. 虫体黄色,前翅脉有分叉,左右翅合拢平覆在腹部上,通常腹部被遮盖 3. 雌、雄成虫均比烟粉虱大 4. 混合发生时,多分布于高位嫩叶
危害特点与作物受害症状		1. 通常在植物叶背危害,除直接刺吸植物汁液致植株衰弱外,还能分泌蜜露诱发煤污病的产生,影响光合作用和产品质量 2. 根茎类如萝卜受害症状表现为圆锥根颜色白化、无味、重量减轻;叶菜类如甘蓝、花椰菜受害表现为叶片萎缩、黄化、	1. 可以危害大多数蔬菜,尤以黄瓜、豆类、番茄、茄子受害严重,但基本不危害十字花科蔬菜

续表 1-1

项　目	烟粉虱	温室粉虱
危害特点与作物受害症状	枯萎;果菜类如番茄受害表现为果实不均匀成熟,西葫芦表现为银叶;棉花受害表现为叶正面出现褪色斑,虫口密度高时有成片黄斑出现,严重时导致蕾铃脱落,影响棉花产量和质量;花卉受害表现为叶片黄化落叶 3. 传播双联体病毒,对植物传播病毒造成的损失往往比由自身取食造成的损失大得多	2. 受害植物往往叶片褪绿、变黄、萎蔫,植株长势衰弱,甚至全株枯死,亦可传播植物病毒病

(四)烟粉虱与非洲小粉虱的区别

非洲小粉虱主要分布在南欧、亚洲等地区。在我国主要分布于陕西、北京、新疆等地。

非洲小粉虱蛹壳为苍白色,椭圆形,长 1.08～1.32 毫米,宽 0.79～0.96 毫米,蛹壳四周边缘处的蜡质分泌物极少,后端尾部气门处稍稍向内凹陷;边缘一般较规则,边缘的锯齿细小不规则。胸部气门冠分化为许多齿,这些齿比缘齿大,硬化程度高。气门处微缢缩。前后端侧缘生有刚毛,但是极小。横蜕缝和胸中缝不到蛹壳边缘。刚毛的数目和长短、瘤突的数目和大小以及它们的位置有很大变异,但一般头部、腹部第一节和皿状孔基部两侧有刚毛存在。皿状孔长椭圆形,末端尖,侧缘稍曲并具侧脊,在末端有横脊存在。盖片亚圆形,宽大于长,基部缢缩,覆盖孔口的 1/3。舌状突长,刮勺形,顶部尖,着生 1 对刚毛。

烟粉虱和非洲小粉虱是近缘种,常混合发生,而且形态又很相近,不易区分。二者的区分特征主要有以下几个方面：非洲小粉虱蛹壳较大，烟粉虱蛹壳较小。非洲小粉虱个体形状较规则，一般为长椭圆形，末端和胸气门处稍凹入；烟粉虱在有毛的叶片上形状不规则，有时边缘强烈凹入；非洲小粉虱的胸、腹气门冠的齿较边缘齿大，硬化程度高，而烟粉虱的气门冠齿硬化不太明显。非洲小粉虱的皿状孔接近末端处有横脊纹，而烟粉虱皿状孔末端有小瘤状突起而无横脊纹。

（五）粉虱种类检索表

实体镜下粉虱自然状态检索表（阎凤鸣和李大建，2000）

1. 蛹壳漆黑色，中部隆起。椭圆形，前端稍窄。边缘有栅状蜡质分泌物 ………………………………………………………… 黑刺粉虱 *Aleurocanthus spiniferus*

   蛹壳为白色或淡黄色…………………………………………………………………… 2

2. 蛹壳淡黄色或浅褐色，阔椭圆形，在胸气管孔处稍变窄；胸气管褶、皿状孔颜色浅，稍凸起；尾沟清晰，稍凸起 ………………… 橘绿粉虱 *Dialeurodes citri*

   蛹壳为白色，长椭圆形 ………………………………………………………… 3

3. 蛹壳较厚，为蜡层和蜡缘所包围……… 温室粉虱 *Trialeurodes vaporariorum*

   蛹壳平坦，没有或极少蜡质分泌物 …………………………………………… 4

4. 蛹壳稍大，边缘规则，胸、尾气门处稍凹入………… 非洲小粉虱 *Bemisia afer*

   蛹壳较小，在有毛的叶片上边缘陷入，呈不对称形态 ……………………… ……………………………………………………………………… 烟粉虱 *Bemisia tabaci*

显微镜下粉虱蛹壳检索表（阎凤鸣和李大建，2000）

1. 碱液处理后，蛹壳呈棕色，边缘有 20～22 根长刚毛…………………………… ………………………………………………………… 黑刺粉虱 *Aleurocanthus spiniferus*

   蛹壳染色后，呈淡红或粉红色，刚毛不如上述…………………………………… 2

2. 皿状孔近圆形，盖片心形，几盖住孔。舌状突不暴露 ……………………… ………………………………………………………………… 橘绿粉虱 *Dialeurodes citri*

   皿状孔心性或长椭圆形，舌状突暴露 …………………………………………… 3

3. 蛹壳背面有许多乳突，皿状孔心性，舌状突三叶草状 ……………………
……………………………………… 温室粉虱 *Trialeurodes vaporariorum*

蛹壳背面没有乳突，皿状孔长椭圆形，舌状突长匙状……………………… 4

4. 蛹壳稍大，规则的长椭圆形；胸、尾气门处稍凹入，气门冠齿硬化程度高；皿状孔后缘有横脊纹 ……………………………… 非洲小粉虱 *Bemisia afer*

蛹壳较小，边缘常凹入；胸、尾气门特征不如上述；皿状孔后缘没有横脊纹 …
…………………………………………………… 烟粉虱 *Bemisia tabaci*

三、烟粉虱的危害

烟粉虱广泛分布于世界各地。在20世纪80年代以前其主要危害棉花，从1985年开始逐步蔓延到蔬菜和园林花卉植物上危害，尤其是在美国、加勒比海、欧洲的温室花卉上发生了前所未有的烟粉虱危害，是全球性的主要害虫之一。B生物型烟粉虱是世界上最危险的100种外来入侵生物之一。我国虽然早在20世纪40年代在华南地区就发现过烟粉虱，但是在很长一段时间都没有造成大的危害，直到1997年广东局部地区首先出现较严重的烟粉虱危害，随后烟粉虱在各地的危害逐年加重。2000年，烟粉虱在我国北方和南方均大规模发生，现在是我国主要农业害虫和入侵生物之一。

（一）危害的主要方式

烟粉虱对作物的危害方式主要表现为直接取食植物汁液，影响植物营养代谢，导致植物叶片出现黄斑，严重时黄化脱落，果实结构不正常或不规则。除直接刺吸植物汁液导致植株衰弱外，烟粉虱的成虫和若虫还可以分泌蜜露污染植物产品，诱发煤污病的发生，密度高时可使叶片发黑，严重影响植物的光合作用，从而使作物品质降低。烟粉虱的另一种重要危害方式是传播植物病毒，特别是 B 生物型烟粉虱，传毒能力最强。下面从这 3 种方式介绍烟粉虱给作物造成的危害情况。

1. 直接取食植物汁液，导致植物衰弱和多种生理异常 烟粉虱的口器为刺吸式口器，取食时，若虫、成虫都是将口针刺入寄主植物的韧皮部位，吸食汁液。由于烟粉虱的发育快、繁殖力高，种群密度大，从而导致植物衰弱。不同植物被烟粉虱取食汁液后，植株会产生不同的受害症状。例如，棉花受害后，叶正面出现褪色斑，严重时有成片黄斑出现，导致蕾铃脱落，降低棉花产量和纤维质量；花椰菜受害后，叶片萎缩、黄化直至枯萎；西葫芦等葫芦科植物受害后，叶片上表皮与下面的叶片细胞脱离，产生夹层，由于夹层内空气反光还会产生银叶现象，导致植物变白，植物产品质量下降；果菜类如番茄受害后，果实不规则地成熟，有的表现为表皮颜色淡化或有条纹，有的表皮颜色正常但内部组织白化、硬化或不成熟；莴苣受害后表现为叶片黄化和茎秆分枝；萝卜受害后，根茎白化、无味、重量减轻；胡萝卜受害后，表现为根茎重量减轻；甜椒受害则有条纹斑；受害甘蓝则表现为茎秆白化、叶片萎黄等；花卉一品红受害后，出现白茎、黄叶及落叶。一般情况下，一株植物如果被 5～10 头若虫取食就会产生生理异常，但是成虫的取食往往不会出现这些生理异常现象。

2. 分泌蜜露污染作物并影响作物光合作用 烟粉虱的若虫、成虫在取食植物汁液的同时，还会分泌蜜露，污染植物器官和产品，诱发煤污病的发生，严重影响作物的外观品质。在烟粉虱密度高时，作物叶片会变成黑色，作物的光合作用严重受阻。

3. 传播病毒 烟粉虱是许多病毒病的重要传播媒介。一般烟粉虱大暴发后不久，它所传播的病毒病就会随之大发生。据统计，烟粉虱可在30种作物上传播70种以上的病毒病，而且不同的生物型传播不同的病毒。烟粉虱传播的病毒以双生病毒种类最多，达到了40余种。烟粉虱最易在葫芦科、豆科、大戟科、锦葵科及茄科植物上传播双生病毒。植物感染双生病毒后植株出现矮化、黄化、褪绿、斑驳及卷叶的症状，有的叶片变小、叶面皱缩、中部稍凸起、边缘向下或向上卷曲，有的叶片缩成球状等。除了双生病毒，烟粉虱还能在作物上传播长线形病毒组、香石竹病毒组和马铃薯病毒组的病毒。这些病毒病会使植物叶片卷曲、植株黄化或矮化和果实败育，从而造成严重的损失。烟粉虱生物型、相关寄主以及传播的病毒种类见表1-2，烟粉虱传播的主要蔬菜病毒病见表1-3。

表1-2 烟粉虱生物型、相关寄主和传播的病毒 （罗晨等，2001）

生物型	地理位置	寄主范围	植物病毒
A	美国亚利桑那州	多食性	新旧大陆联体病毒和LIYV
B	美国亚利桑那州	多食性	新旧大陆联体病毒和LIYV(少量)
E	贝宁	*Asystasia* spp.	AGMV
J	尼日利亚	多食性	TYLCV-Ye
N	波多黎各(岛)	*Jatropha* 棉叶	JMV
非木薯	巴西	多食性(不取食木薯)	新大陆联体病毒
木薯	象牙海岸	木薯、茄子	ACMV
秋葵	象牙海岸	多食性(不取食木薯)	旧大陆联体病毒；不传ACMV
Sida	波多黎各(岛)	多食性	新大陆联体病毒；不传JMV

注：LIYV＝莴苣黄叶病毒；AGMV＝*Asystasia*金色花叶病毒；TYLCY-Ye＝番茄黄化曲叶病毒(也门品系)；JMV＝*Jatropha*花叶病毒；ACMV＝非洲木薯花叶病毒。

表 1-3　烟粉虱传播的主要蔬菜病毒病　（冯兰香等，2001）

病毒组名称	病毒病名称	分布地区
双生病毒组 Geminivirus Group	黄秋葵曲叶病毒 Okra leaf curl（OLCV）	非洲、亚洲、拉丁美洲
	菜豆金黄花叶病毒 Bean golden mosaic（BGMV）	非洲、印度、拉丁美洲
	绿豆黄花叶病毒 Mung bean yellow mosaic（MBYMV）	非洲、印度、拉丁美洲
	大豆黄花叶病毒 Soybean yellow mosaic（SYMV）	非洲、印度、拉丁美洲
	菜豆矮化花叶病毒 Bean dwarf mosaic（BDMV）	非洲、印度、拉丁美洲
	南瓜曲叶病毒 Squash leaf curl（SqLCV）	美国、墨西哥、哥伦比亚、亚洲
	西瓜褪绿矮化病毒 Watermelon chlorotic stunt（WCSV）	阿拉伯半岛
	番茄黄化曲叶病毒 Tomato yellow leaf curl（TYLCV）	中东、地中海沿岸、非洲、亚洲
	烟草曲叶病毒 Tobacoo leaf curl（TLCV）	非洲、亚洲、拉丁美洲
	番茄金黄花叶病毒 Tomato golden mosaic（TGMV）	拉丁美洲
	番茄黄花叶病毒 Tomato yellow mosaic（ToYMV）	拉丁美洲、印度
	番茄坏死矮化病毒 Tomato necrotic dwarf（ToNDV）	美国、英国
	Chino del tomate（CdTV）（尚无中文名称）	墨西哥
长线形病毒组 Closterovirus group	莴苣传染性黄花病毒 Lettuce infectious yellow（LIYV）	美国、墨西哥
	葫芦黄色矮化失调症病毒 Cucurbit yellow stuning disorder（CYSDV）	中东、西欧
其他病毒组 Other virus group	黄瓜脉黄化病毒 Cucumber vein yellowing（CVYV）	以色列、塞浦路斯、黎巴嫩
	番茄顶端褪绿病毒 Tomato pate chlorosis（TPCV）	以色列
	豇豆轻斑驳病毒 Cowpea mild mottle（CMMV）	非洲、亚洲、中东

(二)烟粉虱寄主植物

烟粉虱寄主范围广,属多食性害虫,传播和蔓延速度快,繁殖能力极强,危害程度高,夏季危害大田作物,冬季危害大棚菜。主要寄生于1年生草本植物,危害很多重要的经济作物和观赏植物,包括豆科、菊科、锦葵科、茄科、葫芦科、旋花科和十字花科等。烟粉虱的寄主随着研究的深入不断被发现,危害区域不断扩张。较早时期埃及发现的烟粉虱寄主至少有155种植物,到20世纪80年代中期有统计说烟粉虱的寄主植物已经达到74科500多种,而到90年代中期仅B生物型烟粉虱的寄主植物就已超过500种。

在我国,烟粉虱的寄主种类还没有统计完全。21世纪初期开始,全国很多地区陆续开展了烟粉虱寄主种类及烟粉虱对作物危害情况的调查统计工作。2000年对北京近郊植物的调查显示,烟粉虱对温室蔬菜危害比较普遍,能在9科32种蔬菜上发生,几乎包括了所有蔬菜,其中以番茄、茄子、西葫芦、黄瓜、甜瓜、甘蓝、花椰菜、香艳茄及豆类等受害尤为严重,烟粉虱暴发时蔬菜叶片上每平方厘米的成虫数高达40～50头,产量损失可达70%。在17科27种园艺植物上发现有烟粉虱危害,露地蔬菜也有9科15种受烟粉虱危害。在上海地区发现温室内烟粉虱危害的园林花卉植物有一品红、虾衣花、金苞花、冰水花、银心吊兰、红背龟、一串红、夜香树、枸杞、鸭跖草、扶桑,露地植物有冬珊瑚、假龙头、结球甘蓝等。2001年对广州地区烟粉虱的寄主植物进行了调查,发现烟粉虱的寄主植物多达46科123属176种(变种),包括62种蔬菜、12种果树、18种经济作物、40种园林花卉和43种杂草,其中菊科种类最多,其次为十字花科和葫芦科。且烟粉虱的危害主要集中在茄科、葫芦科、豆科、十字花科植物，如番茄、茄子、黄瓜、甜瓜、菜豆、甘蓝以及园林植物一品红、扶桑等。2001～2002 年，在江苏省 13 个地区 40 个县(市、区)的调查共发现烟粉虱寄主植物 31 科 101 种(变种)，主要分布在葫芦科、十字花科、豆科、茄科和菊科植物上，受害最为严重的寄主植物是蔬菜类和花卉类，前者包括黄瓜、西葫芦、菜豆、花椰菜、萝卜、结球甘蓝等，后者包括非洲菊、扶桑、一品红和杂草类葎草。2001～2003 年，山西省调查发现烟粉虱寄主植物 27 科 103 种(变种)，其中对葫芦科、十字花科、茄科危害较为严重，特别是丝瓜、西葫芦、番茄、茄子、四季豆、甘蓝更为严重，对经济作物棉花、油葵以及观赏植物一品红的危害也非常严重。2003 年，郑州地区对烟粉虱寄主植物 14 科 48 种(变种)的调查显示，受害程度最为严重的主要还是蔬菜类的黄瓜、西葫芦、番茄、茄子、萝卜、花椰菜，花卉类的一品红、珊瑚樱，杂草类的葎草等。2004～2005年，西安地区调查了烟粉虱寄主植物 24 科 53 种(变种)，其中蔬菜类的长茄、番茄、结球甘蓝、西葫芦、四季豆，花卉类的一品红，杂草类的蒲公英、牵牛花、刺儿菜，经济作物类的棉花等寄主植物受危害较重。

第二章　烟粉虱生物学特性与生态学特性

一、烟粉虱生物学特性

(一)世代与生活史

烟粉虱主要发生在热带、亚热带和相邻的温带地区。在适宜的气候条件下,一般1年可发生11～15代,有的可发生19～21代,有明显的世代重叠现象,每年7～9月份是烟粉虱的危害高峰期。烟粉虱在我国北方露地作物上不能越冬,但在保护地可长年繁殖发生,几乎每月均可出现1次种群高峰。烟粉虱在我国苏北地区的日光温室内可以越冬,并能正常取食危害。例如,连云港地区7月上旬在露地作物上即可见烟粉虱,发生高峰在9月份,10月下旬结束。烟粉虱发育的最适温度为26℃～28℃。一般卵期5天,若虫期15天,完成1个世代需19～27天。成虫寿命10～22天。每年6月中下旬保护地薄膜撤掉以后,烟粉虱便开始转入露地危害,10月下旬外界气温开始降低,保护地薄膜扣上之后,又转入棚室内危害,并可在室内安全越冬。

烟粉虱属不完全变态昆虫,包括卵期、若虫期(一至四龄)和成虫期3个阶段。通常人们将四龄若虫称为伪蛹或拟蛹,三龄若虫蜕下的皮硬化成蛹壳。烟粉虱在不同寄主植物上的发育时间各不相同。在25℃条件下,从卵发育为成虫需要18～30天。烟粉虱雌雄成虫往往成对在叶背面取食。雄虫略小于雌虫。成虫取食叶片汁液后，一般将卵产于寄主植物的叶背面，在适宜的条件下，4～5天后孵化成若虫。若虫在叶片、茎秆上取食，随着作物的生长，若虫在下部叶片发生较多。在烟粉虱成虫大发生时的植株老叶和枯死叶片上，均可见密布的伪蛹（壳）。1周左右蜕皮，进入成虫期。烟粉虱成虫多在光照条件下羽化。成虫可以在氮肥用量多、水分少的敏感作物上排泄很多的蜜露，造成煤污病。当受害植株萎蔫时，成虫大量迁出。

烟粉虱成虫生活的最适温度为25℃～30℃。夏季成虫羽化后1～8小时内交配，春秋两季羽化后3天内交配。成虫可在植株内或植株间短距离扩散，而大范围的苗木、种子调运则可使其长距离传播，还可以借助风力或气流长距离迁移。雌虫利用视觉信息如植物色泽搜索并选定一株植物，然后爬行或飞至叶片背面，将口器试插并吸取少量汁液，通过口器端部及口中的化学感受器测试植物的适合性，若感受合适，便将口针从试插处插入到植株的韧皮部，边取食边产卵。当气温适宜、寄主丰富时，往往造成烟粉虱大发生，尤其是在高温干旱季节发生尤为严重。一经暴发，防治难度较大。烟粉虱成虫不善飞翔，但对黄色具有强烈的趋性，靠田间多点多片发生后逐渐扩散危害。大风、大雨或暴雨对烟粉虱成虫有较大的杀伤力，能抑制其大发生。往往大雨后数天，成虫数量明显减少。

烟粉虱成虫喜欢在寄主植物的中上部叶片上产卵，多产在幼嫩部位。成虫只在自身羽化的叶片上产少量卵就转移到新的叶片上。一般不规则地散产在叶背面，叶正面也产少许卵。卵有光泽，长椭圆形，具有一小柄，以柄附着在叶面上，与叶面垂直。卵柄通过产卵器插入叶表裂缝中。卵柄除了有附着作用外，在受精时，充满原生质的卵柄具有导入精子的作用，受精后，原生质萎缩，水分可通过卵柄周围的一些胶体物质进入卵中。卵初产时淡黄绿色，后颜色逐渐加深，孵化前变为黑褐色。烟粉虱的产卵能力与环境温度、寄主植物类别和不同地理种群密度有着密切关系。据报道，在我国7～8月份平均温度28.5℃的条件下，烟粉虱在棉花上平均产卵量为252粒/头；在10～11月份平均温度22.7℃的条件下，平均产卵量为204粒/头；在12月至翌年1月平均温度为14.3℃的条件下，平均产卵量仅为61粒/头。在美国亚利桑那州，危害棉花品系的烟粉虱在恒温和光照条件下，32.2℃时成虫的平均产卵量为72粒/头，26.7℃时平均产卵量为81粒/头，低于14.9℃时则不产卵。在苏丹和印度的棉花上，烟粉虱成虫平均产卵量分别为160.4粒/头和43粒/头。另有报道，烟粉虱在茄子上的平均产卵量约为50粒/头。

烟粉虱的若虫期约为15天。若虫呈淡绿色。一龄若虫在孵化时身体半弯直到前足能抓住叶片，脱离废弃的卵壳，具有相对长的触角和足，较活跃。初孵若虫一般在叶片上爬行几厘米或爬行到同一植株的其他叶片上寻找合适的取食点，然后在叶背将口针插入到韧皮部取食汁液。一龄若虫只要成功取食合适寄主的汁液，就固定在原位直到成虫羽化。一般开始取食后2～3天蜕皮进入二龄。一龄若虫的死亡率与植物表皮的厚度和营养因素有关，如取食嫩叶期（5片叶）莴苣和成熟期（大于25片叶）莴苣时的成活率分别为41.7%和0。烟粉虱在伪蛹期形态特征变异很大，最主要的原因是与寄主相关，在不同的寄主种类上发生不同的形态变化。如在有茸毛的植物叶片上，多数蛹壳背部有刚毛，而在光滑的植物叶片上却不着生刚毛。

在适宜条件下,90%以上的烟粉虱蛹均能羽化为成虫。成虫通过四龄若虫背面的T形线羽化出来。成虫体黄色,翅白色、无斑点。绝大多数在光期羽化,很少在黑暗中羽化,温度波动时羽化高峰延迟。成虫寿命一般2周左右,长则可达1~2个月。成虫幼嫩阶段在27℃时为4小时左右。成虫营产雄孤雌生殖(即受精卵为二倍体,发育成雌虫;未受精卵为单倍体,发育成雄虫)。通常情况下,正常受精的雌虫产下的子代为雄性和雌性,而未受精的雌虫产下的子代均为雄性。烟粉虱有明显的喜光性,活动高峰在每天的上午11时至下午3时。晴天的飞行活动明显强于阴天。

(二)生物型分组及鉴定方法

自1889年在希腊烟草上发现烟粉虱至今的100多年里,其分类地位一直是昆虫学家们争论的焦点。烟粉虱有很多的同物异名,这些种类的学名在形态特征上有较多的重叠。由于粉虱科昆虫成虫形态变异相对较小,长期以来,粉虱分类学家一直将其四龄若虫(伪蛹)期的形态特征(包括体缘形状、胸气门褶的构造、位于管状孔内之舌状突起、管状孔盖瓣的形状、背盘孔、小孔、背刚毛的有无等)作为粉虱科昆虫在族、属、种的水平上分类的重要特征。但是很多证据表明,烟粉虱的伪蛹因取食的寄主植物不同可能会发生改变,因此也有人根据寄主植物相关联的形态变异对粉虱进行分类。

烟粉虱生物型的概念产生于20世纪50年代,人们将在形态上无法区分,而寄主范围及寄主适应性、传播植物病毒的能力等方面表现出较大区别的烟粉虱种群分为不同的生物型,目前已经确定的生物型至少有26个,分别为A、AN、B、B2、C、Cassava、D、E、F、G、GH、H、I、J、K、L、M、N、NA、

Okra、P、Q、R、S 、T、Ms 型，但仍有多个种群尚未被认定。烟粉虱众多生物型中以 B 生物型较为常见，已经呈世界性分布，其他生物型均为区域性分布。不同的烟粉虱生物型在寄主范围、传毒能力、地理分布及抗药性等方面存在显著差异。Perring(2001)又将烟粉虱复合种的生物型归纳为 7 个组。

1. 生物型分组

(1)新大陆组　包括 A 、C 、N 、R 4 个生物型。酯酶生物型 A 型是在美国西南部及墨西哥发现的种群，20 世纪 80 年代 B 型入侵以前为该地区的优势种群，后来逐渐被 B 型取代。酯酶生物型 C 型采自哥斯达黎加，R 型采自哥伦比亚，酯酶生物型 N 型采自波多黎各。通过 ITS1、mtDNA 16s 和 COI 分析，认为这几种生物型亲缘关系较近，共同形成一个分支。

(2)全球 B 型　包括目前超级害虫(super bug)B 型(又称银叶粉虱 *Bemisia. argentifolii*)及 B2 生物型。B 型能够引起的植物生理异常，包括西葫芦银叶反应和番茄的不规则成熟，这是 B 生物型区别于其他生物型的重要特征之一。多数学者认为，B 生物型烟粉虱只是烟粉虱复合种的一个生物型；但也有学者通过一些研究认为，B 型和 A 型的区别已经达到种间水平，因此提出 B 生物型烟粉虱为一个新种 *Bemisia argentifolii* Bellow and Perring ，通用名 silverleaf whitefly(银叶粉虱)。

(3)贝宁和西班牙组　包括源于贝宁的 E 型和西班牙的 S 型。E 型为寡食性，来自西非的贝宁的单一寄主植物 *Asystasia gangetica*(L) T. Anders 上，不产生银叶反应，与 S 型聚为一支。

(4)印度组　为 H 型，采自印度喀拉拉地区西瓜上的烟粉虱，不能导致银叶反应，单独归为一支。

(5)苏丹-埃及-西班牙-尼日利亚组：包括苏丹的 L 型、埃及的未定型、西班牙的 Q 型和尼日利亚的 J 型。L 型不能导致银叶反应。

(6)土耳其-海南岛-韩国组　包括采自土耳其的 M 型、中国海南岛的未知型、韩国的未知型。M 型采自土耳其的棉花上，具有明显不同的酯酶图谱，且不能与 B 型、K 型、D 型成功杂交，不能产生银叶反应。

(7)澳大利亚 AN 型　采自澳大利亚昆士兰和达尔文地区棉花上，被认定为澳洲本地种群。与 B 型杂交未能产生有生殖力的子代。采自澳大利亚的多个烟粉虱种群与世界上其他种群均有明显差别，自成一支。

(8)其他生物型　D 型、K 型和 NA 型尚未被归到特定的组。D 型是采自尼加拉瓜棉花上的种群，因采集地点与哥斯达黎加、墨西哥较为接近，因此推论其应与新大陆组关系较为密切。D 型不能与 B 型、K 型、M 型成功杂交，也不能产生银叶反应。K 型是采自巴基斯坦棉花上的种群，不能与 B 型、D 型、M 型成功杂交，不能导致银叶反应。NA 型采自瑙鲁等地，沿太平洋西北延伸至东南均有分布，包括美属萨摩亚群岛、斐济、密克罗尼西亚、关岛、基里巴斯、马绍尔群岛、瑙鲁岛、纽埃岛、北马里亚纳群岛、帕劳群岛、汤加群岛、图瓦卢、西萨摩亚及我国台湾等地。也有学者认为 NA 型原产地应为亚洲。

我国 1949 年就在南部省份发现有烟粉虱分布，但一直危害不大，其生物型也不是很明确。B 生物型烟粉虱是在 20 世纪 80 年代中期才引起世界广泛关注的，90 年代中后期入侵我国，之后迅速扩散到 20 多个省、自治区、直辖市。我国有关烟粉虱的参考文献 2000 年前为 3 篇左右，而此后的 8 年里，已经达到几百篇。我国一些学者通过分子标记技术指出，20 世纪末在我国大规模暴发的烟粉虱为入侵的 B 生物型烟粉虱，对我国的蔬菜、棉花以及观赏作物造成了严重危害，经济损失严重。

Q 型烟粉虱近几年备受国内外关注。它最初是在利比里亚半岛地区被发现的，并随着观赏花卉贸易传播到地中海地区，在西班牙、摩洛哥、阿尔及利亚、法国等国均有发生。Q 型烟粉虱在西班牙南部地区的分布和危害程度，甚至有超越 B 型烟粉虱的趋势。2006 年，我国台湾学者在从西班牙进口的一品红上发现了 Q 型烟粉虱，而在此之前，2003～2005 年间，国内就有 Q 型烟粉虱的相关报道，但是分布范围并不大。2006～2007 年，笔者在对全国烟粉虱生物型的调查中发现，长江中下游流域广大地区有大量的 Q 型烟粉虱发生和存在，而调查到的本地土著种群的数量在迅速减少。

我国烟粉虱种下变异复杂，至少有 5 种不同的单倍型。目前，应用于烟粉虱种下变异的分子标记主要有同工酶等蛋白标记和 RFLP、RAPD、AFLP、rDNA ITS1、mtDNA COI 等 DNA 分子标记。

2. 生物型鉴定方法

(1)同工酶标记　同工酶广泛存在于生物界中，现已对多个物种的多种同工酶进行了研究，发现同工酶与特殊的生理功能和细胞分化相联系，它的发生与基因进化及物种演变有着密切的关系，因此同工酶表现出明显的组织、种属和发育的特异性。同工酶及蛋白质多态性是生化变异的主要组成部分。同工酶多态性由基因决定，且活性和含量均受基因调控，它们可作为分类的依据和遗传标记(熊全沫，1986)。酯酶的多态性可应用于种属鉴定和遗传变异的探讨，根据同工酶所带电荷各不同可以进行等电聚焦电泳（IFE，isoelectric focusing electrophoresis）区分，聚丙烯酰胺凝胶电泳（PAGE）则利用同工酶分子量的不同将不同的酶区分开来，然后统计不同生物类群之间的相似度或遗传距离。

烟粉虱不同生物型酯酶（EST，esterase）特征带存在差异，应用等电聚焦电泳法研究烟粉虱酯酶同工酶的多态性是最早用以区分烟粉虱生物型的方法（Perring *et al.*，1993），根据 A、B 生物型烟粉虱酯酶等位基因的多态性，计算了 A、B 两型之间的 Nei 遗传距离为 0.24，从而认为 B 生物型烟粉虱是一个不同于 A 型烟粉虱的新种（*Bemisia argentifolii*）。Brown 等（1995）用酯酶标记检测，并根据酯酶条带的差异将不同于 A、B 型的 15 个种群依次命名烟粉虱 C～Q 生物型，并得出烟粉虱是一个复合种。Brown 等（2000）用 3 种酯酶分析烟粉虱种群遗传变异情况，根据遗传距离将世界各地 21 个烟粉虱种群分为 3 个主要的组（group），并认为烟粉虱起源于东半球。赵莉等（2002）对我国乌鲁木齐地区烟粉虱和温室白粉虱的酯酶同工酶、过氧化物同工酶进行电泳分析，发现这两种粉虱酶谱有明显的种间差异。

（2）RFLP（Restriction Fragment Length Polymorphism，限制片段长度多态性）标记　RFLP 是 20 世纪 80 年代发展起来的一种以分子杂交为核心的 DNA 分子标记技术，已被广泛用于基因组遗传图谱构建、基因定位以及生物进化和分类的研究。RFLP 可用于比较 DNA 序列，所得数据经转换可估计序列的趋势。RFLP 标记数量多，大部分标记是共显性的，利用限制性内切酶处理 DNA 得到的限制性片段长度多态性具有相对的种间稳定性，产生的条带稳定可靠，重复性好，能够反映种间进化关系，是系统演化研究的一种有效遗传标记。但 RFLP 标记技术过程比较复杂，成本较高，对 DNA 多态性检出的灵敏度不高，DNA 模板需要量大，有时需要用放射性同位素或非放射性物质标记。

Abdullahi 等（2004）用 RFLP 方法结合聚合酶链式反应（Polymerase Chain Reaction，PCR）技术分析烟粉虱 rDNA ITS1 区域，从其他寄主种群区分木薯型烟粉虱种群，并认为此方法从完整性和经济性来考虑是鉴定不同寄主植物烟粉虱变异的首选方法。

（3）RAPD（Random amplified polymorphic DNA，随机扩增的多态性 DNA）标记　RAPD 技术建立于 PCR 技术基础上，运用随机引物扩增进行 DNA 多态性研究，现已广泛用于生物种、株、种群及个体间鉴定和区分。该方法简单快速、不需要探针、对模板要求不高且需要的量较少、成本相对较低，在国内外应用较为普遍。RAPD 技术可以用于分析烟粉虱不同生物型的特有位点或相似系数来区分生物型并确定各生物型的分布范围，也可以用于分析不同生物型烟粉虱的遗传分化及亲缘关系。

Gawel 和 Bartlett（1993）通过 RAPD-PCR 标记，用 20 个 RAPD 引物研究了烟粉虱 A、B 型的 DNA 差异，结果表明区别明显且一致。Bellows 和 Perring（1994）用 7 种引物对烟粉虱 A、B 生物型作了 RAPD 检测，相同生物型的相似性达到 80%～100%，不同生物型仅有 10%，认为 B 生物型烟粉虱是不同于 A 生物型烟粉虱的一个新种，并正式命名为银叶粉虱 *Bemisia argentifolli* Bellows and Perring（Bellows 等，1994）。我国学者吴杏霞等（2002）、邱宝利等（2003）将 RAPD-PCR 技术用于鉴定我国烟粉虱的生物型，并发现我国广州地区分布的Cv型可能成为烟粉虱的一个新生物型(Qiu *et al.*, 2006)。Abdullahi等(2003)运用RAPD-PCR标记检测种群的遗传结构,使用邻接法(neighbor joining)方法可以得到一条100%概率的条带,从非木薯型烟粉虱中分离木薯联合型种群(cassava-associated populations)。当不同烟粉虱种群之间的变异和种群内变异分别为27.1%和9.8%时,用RAPD片段分析分子变异(AMOVA),种群中的差异达到63.2%。

RAPD条带中某些弱带的重复性较差,扩增结果的稳定性差且无法进行等位基因分析,也有学者认为RAPD标记具有内在不一致性的缺点,尽管RAPD技术可以用于研究生物亲缘关系,但并不适用来阐明分类地位,并且可能过高评估种群间的基因变异,如Gawel和Bartlett(1993)用20个引物进行RAPD分析,发现烟粉虱A、B生物型间的相似系数小于两种形态差异较大的粉虱 *Parabemisia myricae* 和 *Trialeurodes abutilonea* 间的相似系数。

(4)AFLP(Amplified Fragment Length Polymorphism,扩增片段长度多态性)标记　AFLP是一种基于PCR技术的较为有效的DNA分子标记方法,是Zabeau和Vos(1993)的发明专利,最初应用于染色体连锁图谱的构建。AFLP是通过限制性内切酶对基因组DNA进行酶切,运用酶切片段的选择性扩增进行多态性分析,具有快速、经济、重复性好和结果可靠等优点。但AFLP标记方法产生的标记多数是显性的,不能区分杂合体和纯合体,不适合种群遗传变异的研究,仅适用于近缘种以及种间遗传关系的界定。另外,AFLP标记方法对试验操作技术要求较高,对基因组DNA的质量也有较高要求。

Cervera 等(2000)用 AFLP 方法分析烟粉虱生物型,涉及13个样品中的9种不同生物型,2种粉虱种群(*Bemisia medinae* Gómez-Menor 和 *Bemisia afer* Priesner & Hosny),将烟粉虱生物型分为4个组:①远东和印度次大陆生物型;②B、Q 型及尼日利亚豇豆种群;③新大陆 A 型;④S 型和尼日利亚木薯型。这个结论与 RAPD-PCR 分析相符合。Hüseyin 等(2002)用 AFLP 方法分析8个不同寄主植物烟粉虱种群,将这些种群分成2个组(groups)。我国学者用 AFLP 方法分析了27个烟粉虱地理种群遗传多样性及生物型(包括 B 型和 Q 型)(Zhang *et al.*, 2005)。

(5)mtDNA COI 标记　自 Nass(1962)发现线粒体 DNA(mtDNA)以来,mtDNA 因其遗传结构简单、遵守严格的母系遗传方式、且进化速率较 rDNA 快等特点,在昆虫种下变异的研究得到广泛应用。细胞色素氧化酶第一亚基(Cytochrome Oxidasesubunit I,COI)是已知线粒体基因组13个蛋白质基因之一,它是线粒体基因组中变异和进化速率较快的基因,研究种间、种内分子进化和系统发育最有用的基因之一(牛屹东,2001)。因此,mtDNA COI 基因被广泛应用到烟粉虱系统发育关系的研究中,并被认为是能够反映烟粉虱种下变异的最为有效的方法(褚栋,2005)。

Legg 等(2002)通过 mtDNA COI 序列分析乌干达2个烟粉虱种群的研究发现 Ug1、Ug2 种群和 B 生物型烟粉虱的遗传距离,从而推断其为本地土著种。Simón 等(2003)和 Delatte 等(2005)分别通过 mtDNA COI 基因标记与 RAPD-PCR 比较分析,发现了意大利西里西岛 T 型烟粉虱和非洲岛国的土著型烟粉虱 Ms 型,并确定为新的生物型。Maruthi 等(2004)在非洲和印度收集不同地区或不同寄主的烟粉虱,寄主植物分别为木薯、甘薯和 *Euphorbia geniculata*，发现 3 个不能相互交配的种群。罗晨等(2002)对我国暴发危害的 5 个烟粉虱种群进行 mtDNA COI 基因片段标记研究，所测序列与 Texas-B 型仅有 2 个碱基不同，序列相似性达到 99.7%，证明在我国暴发成灾的烟粉虱为 B 型烟粉虱。在随后对我国 35 个不同地理种群或寄主植物的烟粉虱种群的研究中，罗晨等(2005)发现 3 个不同的非 B 单倍型(ZHJ-01、ZHJ-02 和 FJ-01)，而其他 32 个种群均为 B 型烟粉虱。褚栋等(2005)利用该标记首次报道了我国云南省昆明市的 Q 型烟粉虱。

(6)rDNA ITS1 标记　核糖体 DNA(rDNA)为多拷贝串联重复单位，由保守的 18S、5.8S 和 26S 基因编码区以及非编码的各种间隔区组成。内部转录间隔区(internal transcribed spacer，ITS)位于 18S 和 26S rDNA 基因之间，被 5.8S 分隔成了 ITS1 和 ITS2 两个区域。ITS 在核基因组中高度重复，不同 ITS 拷贝间的序列趋于相近或完全一致，是 rDNA 进化最快的区域之一，同时这段序列非常保守，可用与它们序列互补的通用引物对 ITS 区进行 PCR 扩增、测序。目前，rDNA ITS1 标记已被广泛应用于无脊椎动物分子系统学研究中(唐伯平，2002)。

rDNA ITS1 标记也是基于基因序列分析的 DNA 分子标记方法，能较好地用于分析烟粉虱的种下变异。De Barro 等(2000)用 rDNA-ITS1 标记研究不同国家和地区烟粉虱的系统发育关系，发现烟粉虱生物地理遗传分化较明显，并认为 B 型起源于北非和中东一带。Abdullahi(2003)用该标记方法区分木薯型烟粉虱和非木薯型烟粉虱。吴杏霞等(2003)应用该分子标记鉴定了我国福建甘薯和广西南瓜上的非 B 型烟粉虱。De Barro 等(2005)用 ITS1 和 COI 基因序列分析了 6 种主要的种群,认为银叶粉虱是烟粉虱种下的一个种族(race)。

(7) SCAR(Sequence Characterized Amplified Regions,序列特征扩增区)标记　SCAR 标记是一种十分稳定的分子标记,特异性和重复性较好,操作简单,成本较低。褚栋等(2004)用 7 对简单重复序列引物分别对烟粉虱和白粉虱 DNA 进行 PCR,以此为基础建立了 2 个物种 DNA 特异性片断的 SCAR 标记,能够快速、准确地鉴定烟粉虱和温室白粉虱。Khasdan 等(2005)用 SCAR 标记鉴定南欧和中东地区 2 种重要的烟粉虱生物型——B 型和 Q 型。藏连生等(2006)对我国浙江地区 B 型、非 B 型 ZHJ-1 和非 B 型 ZHJ-2 种群进行 RAPD-PCR 扩增出 3 条特异性片段,并在此基础上设计 3 对 SCAR 引物,分别能够扩增出特异性片段,从而能够快速准确地鉴定这 3 种烟粉虱。

二、烟粉虱生态学特性

(一)温度对烟粉虱种群的影响

温度对昆虫的存活、发育速度、生殖以及行为活动影响很大,可以影响昆虫的体温及其新陈代谢速度的变化,是影响昆虫地理分布和种群数量变动的重要环境因素之一。不同的昆虫或同种昆虫不同发育阶段,都有一个适合其生长发育的温度范围,高温或低温对昆虫的生长发育特别是存活和繁殖都有较大影响,引起生长发育的停止,甚至死亡。

1. **B生物型烟粉虱的发育起点温度和有效积温** B生物型烟粉虱的发育起点温度和有效积温各虫态均有不同,其中二龄若虫的发育起点温度最低为10.43℃,而卵、一龄若虫、三龄若虫、四龄若虫和蛹的发育起点温度比较相近,分别为12.59℃、12.53℃、12.38℃、12.05℃和12.23℃。烟粉虱各虫态的有效积温在蛹期最低,为22.96℃,卵期最高,为87.62℃,而一龄若虫、二龄若虫、三龄若虫和四龄若虫的有效积温分别为28.36℃、49.25℃、33.45℃和42.09℃,世代有效积温为263.73℃。该结果与邱宝利等(2003)的结论基本一致。B生物型烟粉虱各发育阶段的发育起点温度和有效积温见表2-1。

表2-1 B生物型烟粉虱各发育阶段的发育起点温度和有效积温
(曲鹏等,2005)

	卵	一龄若虫	二龄若虫	三龄若虫	四龄若虫	蛹
发育起点温度(℃)	12.59	12.53	10.43	12.38	12.05	12.23
有效积温(℃)	87.62	28.36	49.25	33.45	42.09	22.96

2. **温度对烟粉虱发育历期的影响** 温度对B生物型烟粉虱各虫态的发育历期存在显著影响。18℃时从卵至成虫的发育历期最长,为33.6天;18℃～30℃时随着温度的升高,从卵至成虫的总发育历期显著缩短;36℃时发育历期有所增长,达到23.1天;30℃～33℃时发育历期最短,为14.4～15.1天。

曲鹏等(2005)则指出,在温度20℃～32℃条件下,烟粉虱各虫态发育历期均随温度升高而缩短,20℃条件下需30.5天完成1个世代。邱宝利等(2003)观察发现,17℃～29℃时,烟粉虱各虫态的发育历期逐渐缩短，29℃～35℃时，各虫态及发育历期逐渐延长；17℃时，发育历期为 48.7 天；29℃时，发育历期为 13.9 天；35℃时，发育历期为 20.7 天。向玉勇等总结了 B 生物型烟粉虱在不同温度下各龄期的发育历期，具体见表 2-2。

表 2-2　B 生物型烟粉虱在不同温度下各龄期的发育历期

（向玉勇等，2007）

温度（℃）	发育历期（天）					
	卵	一龄若虫	二龄若虫	三龄若虫	伪　蛹	卵至成虫
18	12.7±1.1a	5.1±1.1a	4.3±0.6a	3.7±0.4a	7.8±1.2a	33.6±0.1a
21	9.7±0.4b	3.7±0.2b	3.4±0.1ab	3.5±0.1a	6.7±0.2ab	27.0±0.4b
24	6.7±0.1c	1.6±0.1c	1.4±0.1c	3.3±0.3a	7.5±0.4a	20.4±0.5d
27	6.1±0.1cd	1.9±0.1c	1.7±0.2c	3.9±0.2a	3.7±0.2d	17.3±0.2e
30	4.9±0.2de	1.1±0.1c	1.5±0.3c	2.1±0.2b	5.5±0.1bc	15.1±0.5f
33	4.3±0.1e	1.4±0.1c	2.0±0.2c	1.9±0.1b	4.9±0.2cd	14.4±0.2f
36	5.3±0.1cde	3.8±0.1b	2.9±0.4b	3.7±0.4a	7.4±0.6a	23.1±0.4c

注：表中数据为平均值±标准误差，同一列不同小写字母表示差异显著（P>0.05）。

3. 温度对烟粉虱存活的影响　B 型烟粉虱各虫态在不同温度条件下的存活率存在显著差异。试验表明，各虫态在 27℃ 时存活率均显著高于其他温度条件下的存活率；18℃～27℃时，随着温度的升高，烟粉虱从卵至成虫的存活率逐渐增高；但高于 27℃，则表现为随着温度的升高，烟粉虱存活率逐渐下降。

曲鹏等（2005）指出，烟粉虱的各个发育阶段中卵和一龄若虫存活率最低，且 26℃时存活率最高，而 32℃时存活率最低。邱宝利等（2003）发现，在烟粉虱各虫态中，卵与一龄若虫的存活率最低；26℃时世代存活率（从卵至成虫）最高，为 67.3%；35℃时世代存活率最低，为 27.6%。向玉勇等

(2007)统计的B生物型烟粉虱在不同温度下各龄期的存活率见表2-3。

表2-3 B生物型烟粉虱在不同温度下各龄期的存活率

（向玉勇等，2007）

温度(℃)	存活率(%)					
	卵	一龄若虫	二龄若虫	三龄若虫	伪蛹	卵至成虫
18	84.3±1.7bcd	85.9±1.8b	84.0±1.6c	85.6±1.3bc	78.3±2.0cd	41.6±2.3c
21	85.4±0.3bc	86.0±0.1b	85.6±0.5d	85.9±0.9bc	80.9±0.7cd	50.1±0.7b
24	87.4±1.2b	87.1±1.4b	90.8±1.1b	86.6±2.9bc	83.4±2.2bc	53.7±1.4b
27	92.2±1.4a	94.0±0.8a	95.6±0.6a	94.2±0.8a	95.8±0.7a	77.8±1.7a
30	84.0±1.0cd	82.8±0.7cd	86.3±0.3c	89.1±0.2b	91.5±0.8a	54.7±3.3b
33	81.3±0.5d	80.8±0.6d	85.3±0.2c	87.0±0.4bc	88.7±0.6ab	50.3±0.6b
36	77.8±0.6e	84.3±0.7bc	84.5±1.2c	83.8±1.6c	74.7±5.5d	34.9±3.1d

注：表中数据为平均值±标准误差，同一列不同小写字母表示差异显著($P>0.05$)。

4. 温度对烟粉虱成虫寿命及繁殖的影响 温度对烟粉虱成虫寿命及繁殖有很大影响，且不同温度下雌雄成虫的性比也不同。研究结果表明：B生物型烟粉虱的产卵量随着温度的升高显著减少，18℃时单雌产卵量最大，约为36℃时产卵量的10.4倍；18℃～27℃时烟粉虱成虫寿命差异并不显著，但高于27℃后，随着温度的升高，烟粉虱成虫寿命显著缩短。

曲鹏等(2005)研究指出，20℃时雌虫平均寿命为38.4天，32℃时为12.5天；产卵量随温度的升高而下降，20℃时雌产卵量最高；不同温度下性比差异不明显，温度升高时性比有降低趋势；成虫在20℃时寿命较长，26℃为烟粉虱生长发育最适温度。邱宝利等(2003)也认为烟粉虱成虫的寿命及产卵量随着温度的升高而缩短，20℃时雌成虫寿命为39.6天，32℃时为12.8天；平均单雌产卵量，20℃时为164.8粒，23℃时为153.4粒，26℃时为139.9粒，29℃时为99.6粒，32℃时为 78.5 粒；雌雄性比也是随着温度的升高而下降。B 生物型烟粉虱在不同温度下的成虫寿命及产卵量见表 2-4。

表 2-4　B 生物型烟粉虱在不同温度下的成虫寿命及产卵量

（向玉勇等，2007）

温度(℃)	成虫寿命(天)	寿命范围(天)	单雌产卵量(粒)	产卵量范围(粒)
18	41.3±2.6a	29～61	290.1±12.8a	165～346
21	39.9±2.8a	27～58	267.5±16.0ab	142～335
24	35.7±2.4ab	25～52	243.9±13.6bc	123～317
27	31.2±7.7bc	17～41	220.2±46.3c	95～289
30	27.2±2.2c	13～39	175.8±14.1d	72～257
33	16.0±1.0d	10～22	79.0±7.6e	54～150
36	10.4±0.9e	4～16	27.9±3.7f	16～62

注：表中数据为平均值±标准误差，同一列不同小写字母表示差异显著（P＞0.05）。

5. 温度对烟粉虱发生量的影响　烟粉虱喜干旱，其生长发育的最适温度为 25℃～28℃。近年来，江苏夏季凉爽、秋季气温偏高、天气偏旱，是典型的凉夏、暖秋气候。据气象部门统计，2005 年 8 月，淮北、江淮和苏南月平均气温分别为 25.1℃～25.9℃、25.9℃～26.8℃和 26.7℃～28.2℃。其中，8 月下旬全省气温普遍比常年低 1℃～3℃。淮南 9 月份月平均气温 23.5℃～26.4℃，比常年同期高 2℃～3℃。其中，中旬气温异常偏高，为有记录的最高值，9 月下旬气温仍比常年高 1℃～4℃，均为烟粉虱的最适合温度。2006 年 9 月上旬，淮北和沿海、沿江地区降水量比常年同期偏少 10%～50%，9 月中下旬除沿江、苏南局部地区外，其他大部分地区降水量比常年同期少 10%～90%，十分有利于烟粉虱生存、繁殖和扩散，加重发生程度。据丰县典型调查，2004～2006 年烟粉虱寄主作物虫量逐年增加，棉田虫量高峰期单叶虫量分别为 54.9 头、182.7 头、401.1 头。

虞铁俊等根据临海市全年36个旬期的统计分析，旬平均气温18℃～20℃是春季烟粉虱种群发展的重要临界点，当旬平均气温在20℃以下时种群数量处在较低状态，当旬平均气温处在20℃以上时种群数量快速上升。旬平均气温29℃～30℃是夏季烟粉虱种群发展变化的一个重要临界点，当旬平均气温在20℃～29℃时种群数量随着气温的升高而增加，当旬平均气温为30℃以上时种群数量随着气温的升高而降低。7、8月份持续高温对9月中下旬烟粉虱种群发生有较大影响，并导致出现低谷期。一般11月份至翌年7月份的种群数量均随前1个月的气温上升而升高、下降而降低；7～11月份的种群数量随前1个月的气温的变化与前者相反。因此，2006年烟粉虱种群数量在5～8月份形成夏峰，其后受高温影响，于9月中旬至10月上旬出现低谷状态，随后由于秋季的适宜气温，11月份再次发生高峰，形成秋季烟粉虱大发生危害趋势。

（二）湿度对烟粉虱种群的影响

昆虫同其他生物一样需要一定的水分来维持正常的生命活动，昆虫的各项生理活动如消化作用、营养运输、解毒和排泄、体温的调节等均与水分有着直接的关系。同时，空气湿度也影响到昆虫种群的数量动态。不同的昆虫或同种昆虫不同发育阶段，都有一个适合其生长发育的湿度范围，高湿或干旱对昆虫的生长发育特别是存活和繁殖均有较大影响。干旱少雨有利于烟粉虱种群的生长繁殖。

1. 湿度对烟粉虱发育和存活的影响　空气湿度能影响烟粉虱各虫态的发育、存活及成虫的繁殖。随着湿度的升高，烟粉虱卵的发育历期显著缩短。空气相对湿度在55％时，发育历期(从卵至成虫)最长,为19.7天;空气相对湿度为75%和95%时,发育历期分别为17.3天和16.3天。空气湿度对烟粉虱卵和各龄若虫的存活率有明显影响(表2-6),各虫态在空气相对湿度为75%的条件下存活率显著高于55%和95%的空气相对湿度条件下的存活率($P<0.05$),为77.8%;而空气相对湿度为55%和95%条件下存活率差异不显著,分别为48.7%和44.0%。B生物型烟粉虱在不同空气相对湿度条件下各龄期的发育历期及其存活率见表2-5和表2-6。

表2-5 B生物型烟粉虱在不同空气相对湿度下各龄期的发育历期

(向玉勇等,2007)

空气相对湿度(%)	发育历期(天)					
	卵	一龄若虫	二龄若虫	三龄若虫	伪蛹	卵至成虫
55	6.6±0.0a	2.2±0.0a	1.5±0.1a	3.3±0.1a	6.3±0.1a	19.7±0.1a
75	6.1±0.1b	1.9±0.1b	1.7±0.2a	3.9±0.2b	3.7±0.2b	17.3±0.2b
95	5.7±0.0c	1.9±0.0b	1.9±0.0a	2.6±0.1b	4.3±0.4b	16.3±0.5b

注:表中数据为平均值±标准误差,同一列不同小写字母表示差异显著($P>0.05$)。

表2-6 B生物型烟粉虱在不同空气相对湿度下各龄期的存活率

(向玉勇等,2007)

空气相对湿度(%)	存活率(%)					
	卵	一龄若虫	二龄若虫	三龄若虫	伪蛹	卵至成虫
55	86.3±1.5b	85.0±0.8b	91.8±0.9b	89.5±0.5c	80.1±2.3b	48.7±2.7b
75	92.2±1.4a	94.0±0.8a	95.6±0.6a	94.2±0.8a	95.8±0.1a	77.8±1.7a
95	77.3±2.2c	88.0±1.3b	88.5±0.7c	91.8±0.6b	80.6±3.5b	44.0±1.0b

注:表中数据为平均值±标准误差,同一列不同小写字母表示差异显著($P>0.05$)。

2. 湿度对烟粉虱成虫寿命及繁殖的影响 在空气相对湿度为55%和75%的条件下,B生物型烟粉虱成虫的平均寿命和单雌产卵量无明显差异。但是，在空气相对湿度为95%的高湿条件下，烟粉虱的成虫寿命显著低于空气相对湿度为55%和75%的条件下（P＜0.05），高湿条件下的产卵量也因成虫寿命的显著缩短而明显减少，不到空气相对湿度为55%和75%条件下的一半。B生物型烟粉虱在不同空气相对湿度下的成虫寿命及产卵量见表2-7。

表2-7　B生物型烟粉虱在不同空气相对湿度下的成虫寿命及产卵量

空气相对湿度（%）	成虫寿命（天）	寿命范围（天）	单雌产卵量（粒）	产卵量范围（粒）
55	27.5±1.1a	14～32	264.3±16.0a	121～337
75	31.2±7.7a	17～41	220.0±46.3a	95～289
95	15.7±1.2b	9～25	110.4±12.7b	57～218

注：表中数据为平均值±标准误差，同一列不同小写字母表示差异显著（P＞0.05）。

此外，降雨和刮风也会影响烟粉虱的发生量。雨水和大风对烟粉虱成虫、若虫和卵有冲刷作用，可降低烟粉虱的虫口密度，不利于其发生。例如，2003年扬州地区烟粉虱发生危害较2002年轻的原因，与扬州8～9月份持续阴雨天气有关，即降雨对烟粉虱具有一定的冲刷作用，从而降低了烟粉虱的虫口密度，同时阴雨天气也不利于烟粉虱的生长发育和繁殖。但小规模降雨增加了烟粉虱田间生境的空气湿度，有利于卵孵化，微风则有利于烟粉虱扩散传播，因此小规模降雨和微风有利于烟粉虱种群的发生。

（三）寄主植物对烟粉虱种群的影响

1. 不同寄主植物对烟粉虱生长发育的影响　烟粉虱寄主范围广泛，主要种类包括豆科、茄科、菊科、锦葵科等，已知世界范围内的寄主植物约有74科500多种。在不同的寄主植物上，烟粉虱发育速度、死亡率、生殖力不同。

徐维红等(2003)在恒温(25℃)条件下，以黄瓜、茄子、番茄、烟草、辣椒、甘蓝和菜豆等7种寄主植物饲养烟粉虱，建立实验种群生命表。结果表明，不同寄主植物对烟粉虱的生长发育、存活和增殖均有影响。其中，存活曲线差异明显，各寄主植物上以一、二龄若虫和成虫死亡率最高，三龄和伪蛹期死亡较少甚至无死亡；在茄子、番茄、黄瓜、甘蓝上各未成熟虫态存活率均较高，而在辣椒、烟草和菜豆上幼龄若虫死亡率较高(>40%)；烟粉虱在7种寄主植物上的内禀增长率(r_m)均大于0，从大至小依次为：番茄>黄瓜>甘蓝>茄子>辣椒>烟草>菜豆。烟粉虱在7种寄主植物上的生命表参数见表2-8。

表2-8　烟粉虱在7种寄主植物上的生命表参数　(徐维红等，2003)

寄主	产卵量(粒/雌)	净增殖率(R_0)	内禀增长率(r_m)	周限增长率(λ)	平均世代历期(d)
黄瓜	439.0±45.0a	121.56	0.3357	1.40	42.9
茄子	328.8±30.7c	102.69	0.3189	1.38	43.6
番茄	246.3±19.4e	82.88	0.3424	1.40	38.7
烟草	389.0±30.3b	55.79	0.2736	1.31	44.1
辣椒	290.4±27.7d	52.78	0.2923	1.34	40.7
甘蓝	175.4±15.6f	43.65	0.3219	1.38	35.2
菜豆	176.7±25.3f	21.62	0.2445	1.27	37.7

注：表中数据为平均值±标准误差，同一列不同小写字母表示差异显著(P>0.05)；表中的内禀增长率是指具有稳定年龄结构的种群，在食物与空间不受限制、同种其他个体的密度维持在最适水平、环境中没有天敌、并在某一特定的温度、空气湿度、光照和食物性质的环境条件组配下，种群的最大瞬时增长率。反映了种群在理想状态下，生物种群的扩繁能力。周限增长率，是指在一定时间期限内的总增长率。种群增长率是随时间变化的，因此瞬时增长率只能表示在此时的增长趋势，而周限增长率则可用以推算较长时间种群增长情况。选定的时间期限可以是1年、1个繁殖世代等。如果以r表示瞬时增长率，以λ表示周限增长率，两者的关系为：λ=er或r=1nλ。λ>1时，种群将增长，λ=1时种群稳定，0<λ<1时种群下降，λ=0时种群将在1代时间中灭亡。

2. 作物生育期对烟粉虱生长发育的影响 在实验室恒温和大田自然条件下，通过对转 Bt 基因棉国抗 22 和常规棉亲本泗棉 3 号的对比试验研究，探讨 2 种棉花生育期对烟粉虱生长发育繁殖的影响。结果表明(周福才等，2006)：28℃恒温条件下，在花铃期棉花上，国抗 22 上的 B 型烟粉虱发育历期(从卵至成虫羽化)比常规棉亲本泗棉 3 号短 17.79%，存活率高 4.5%、产卵量高 39.62%、雌虫寿命长 12.14%、内禀增长率(r_m)大 20.18%；在苗期棉花上，国抗 22 上的 B 型烟粉虱发育历期比泗棉 3 号短 14.14%、雌虫寿命长 17.46%、内禀增长率(r_m)大 1.47%，存活率和产卵量差异不显著。在大田自然变温条件下，国抗 22 上烟粉虱发育历期比泗棉 3 号短 13.6%。在同一品种棉花上，饲养在苗期棉花上烟粉虱的发育历期较花铃期棉花长。结果显示，花铃期棉花比苗期棉花更有利于烟粉虱的生长发育和繁殖；与常规棉亲本相比，转 Bt 基因棉花上烟粉虱的种群扩增速率更快。

3. 烟粉虱对寄主植物的选择性 寄主植物的不同会影响烟粉虱种群的生长发育，而烟粉虱对寄主植物也有一定的选择性，不同生物型的烟粉虱对其取食和产卵的寄主也存在一定的偏爱性。

在自然条件下，烟粉虱对田间不同寄主植物表现出明显的选择性差异(表 2-9)。在作物方面，烟粉虱对番茄、甜椒、茄子、黄瓜表现出明显的嗜好，平均每叶成虫数量分别为 119.8 头、80.3 头、73.1 头、68.7 头，每平方厘米平均若虫数量分别高达 95.0 头、74.2 头、52.9 头、46.6 头；对辣椒、豇豆、毛豆等蔬菜作物也较为嗜好，平均每叶成虫数量分别为 15.4 头、11.0 头、10.4 头，每平方厘米平均若虫数量分别为 10.9 头、13.8 头、14.6 头；烟粉虱对苦瓜、蕹菜、甘薯较不嗜好。在农田杂草方面，对肖梵天花、龙葵、三叶鬼针草、小飞蓬、皱果苋、胜红蓟、菟丝子、葎草等均表现出不同程度的嗜好。同时，烟粉虱虫体分泌的蜜露能引起煤污病的发生，番茄、茄子、甜椒、肖梵天花上烟粉虱引起的煤污病较为严重。

表 2-9 烟粉虱对田间不同寄主的自然选择 （何玉仙等，2003）

寄主植物	生长期	成虫数量（头/叶）	若虫数量（头/厘米²）	寄主植物	生长期	成虫数量（头/叶）	若虫数量（头/厘米²）
番茄	采收期	119.8	95.0	胜红蓟	成株期	14.0	1.8
辣椒	采收期	15.4	10.9	皱果苋	成株期	7.4	5.0
甜椒	采收期	80.3	74.2	小藜	成株期	1.3	<1.0
茄子	成株期	73.1	52.9	空心莲子草	成株期	3.5	<1.0
豇豆	采收期	11.0	13.8	肖梵天花	成株期	55.0	34.3
毛豆	采收期	10.4	14.6	龙葵	成株期	18.5	7.6
黄瓜	采收期	68.7	46.6	三叶鬼针草	成株期	13.0	16.2
苦瓜	采收期	<1.0	<1.0	小飞蓬	成株期	2.8	10.4
蕹菜	成株期	9.2	<1.0	菟丝子	成株期	11.5	2.1
甘薯	成株期	7.8	1.3	葎草	成株期	2.3	2.2

在虫口密度中等的环境下，烟粉虱对茄子、花椰菜、黄瓜、四季豆、结球甘蓝、南瓜等寄主植物具有较强的选择性，而对苋菜、菠菜、胡萝卜等寄主植物选择性较差。

在寄主营养胁迫时，烟粉虱被迫选择非嗜好寄主来完成世代发育，但烟粉虱在不喜食寄主植物上其生长发育和种群增长量非常缓慢。

在寄主植物上，当烟粉虱的种群密度过高、拥挤度达到一定程度或寄主营养胁迫时，均会诱发其向外扩散。在扩散过程中，如果在一定范围内缺乏嗜好寄主，烟粉虱也会被迫地选择非嗜好寄主，从而在这些非嗜好寄主上形成相对较高的种群密度。2003 年，江苏省东台市局部地区烟粉虱大发生时，大蒜、韭菜等烟粉虱非嗜好寄主上也都发现了较多的烟粉虱成虫和卵。

林克剑等(2001)对棉花、大豆、花生和玉米上烟粉虱的种群动态变化的调查显示，烟粉虱的种群数量在寄主的生长期内持续增长，在 8 月 22 日左右达到高峰，之后随寄主进入成熟期，叶子变黄变红，成虫开始迁飞转移，数量逐渐减少。在玉米上除了发现极少量的成虫逗留外，没有发现烟粉虱的卵及若虫。在成虫高峰期，棉花上烟粉虱成虫的种群数量最高达 6 004 头/百株，大豆 1 156 头/百株，而花生上只有 432 头/百株，玉米则为 0。

烟粉虱在葎草上的发生动态：葎草是在全国分布很广的一种杂草，也是烟粉虱最为普遍的寄主之一。孙伟等在扬州、金坛和苏州西山岛的调查中发现，4～5 月许多大田作物上烟粉虱还未出现时，葎草上就发现有烟粉虱的活动。葎草有可能是烟粉虱由温室大棚扩散到田间的过渡寄主。

吴青君等(2001)进行了烟粉虱对 21 个蔬菜品种趋性的田间评价。结果表明，B 型烟粉虱最嗜好西瓜，对结球茴香最不敏感。在可选择的条件下，B 型烟粉虱成虫对作物的趋性依次为：西瓜＞黄瓜、十字花科类、番茄＞甜(辣)椒＞结球茴香。21 个品种间对烟粉虱的敏感性存有差异，其中西瓜最为敏感，平均虫量达到 70.11 头/株，显著高于其他品种，其次为黄瓜品种 MK160，十字花科的中甘 15、羽衣甘蓝，北京 401 (黄瓜)；甜(辣) 椒类的 white flame、太空椒、中椒 7 号、PW3、甜杂 7 号、PW1 为不敏感作物；结球茴香是烟粉虱最不敏感品种，9 次调查中只有 1 次观察到烟粉虱，且仅为暂时停留，也未发现其他虫态，即在茴香上不能完成生活史。

庞淑婷等通过观察 11 个不同番茄品种对 B 型烟粉虱适生性的影响，发现 B 型烟粉虱成虫对不同番茄品种的取食和产卵选择具有一定的差异，综合 B 型烟粉虱成虫对 11 个番茄品种的取食和产卵选择性结果，可将供试的 11 个番茄品种大致分为 3 类：较偏好黄椭圆、凯特 1 号、凯特 2 号和浙粉 202；中等喜好 903 大红番茄、红椭圆和红元帅 1 号；不喜好巨红冠、浙杂 809、浙杂 207 和浙杂 203。B 型烟粉虱成虫在不同番茄品种上的寿命长短依次为黄椭圆＞凯特 1 号＞浙杂 809＞浙杂 203＞903 大红番茄。

姬秀枝等探索了烟粉虱对 10 个黄瓜品种的选择性和非选择性。结果表明，烟粉虱成虫对不同黄瓜品种取食和产卵的选择存在一定差异，最喜好裕优 3 号、中农 19 及 22-35RZ，最不喜好四季秋瓜、22-94RZ、春光 2 号。烟粉虱在不同黄瓜品种上的卵孵化率、羽化率无显著差异，均能正常发育。黄瓜品种叶毛密度与烟粉虱成虫趋向和产卵量存在显著正相关。

林莉等在温度 26℃±1℃、空气相对湿度 75%～90%、光∶暗为 14∶10 的条件下，测定了 B 型烟粉虱在撒金变叶木、美丽变叶木和彩叶变叶木上的发育、存活和繁殖情况。结果表明，烟粉虱在上述 3 种相应寄主上从卵发育至成虫的存活率分别为 23.49%、8.83%和 5.81%；发育时间以在彩叶变叶木上最长，为 31.25 天，美丽变叶木上最短，为 22.17 天，差异显著；成虫寿命在彩叶变叶木上最长，为 12.39 天，美丽变叶木上最短，为 6.93 天；在相应寄主上的平均单雌产卵量分别为 30.85 粒、27.87 粒和 72.45 粒；在撒金变叶木上的内禀增长率(r_m)最大，为 0.0449。综合比较该试验中的 3 种变叶木，撒金变叶木是烟粉虱种群生长发育较适宜的寄主。

杜予州等(2006)在温度 29℃±1℃、空气相对湿度 80%±5%的条件下，研究了 B 型烟粉虱对不同豇豆品种的选择性以及这些品种对其生长发育、繁殖、存活和生命表参数的影响。结果(表 2-10)显示：B 型烟粉虱各虫态在宁豇 3 号、春秋红豇豆和扬豇 40 上均能保持较高的存活率，故繁殖危害严重；而在帮达 1 号和之豇特早 30 上的若虫存活率较低，繁殖危害较轻。这就说明，B 型烟粉虱对 12 个豇豆品种的选择性以及在这些品种上的适生性均存在一定的差异。其中，对宁豇 3 号和扬豇 40 的选择性最强，在其上的生存和繁殖适合性最高；而对之豇特早 30 和帮达 1 号的选择性最弱，在其上的生存和繁殖适合性最低。

表 2-10　B 型烟粉虱对不同豇豆品种的选择性　(杜予州等，2006)

品　种	成虫数(头/株)				卵 数(粒/株)			
	第一天	第二天	第三天	平　均	第一天	第二天	第三天	平　均
宁豇 3 号	11.35aA	4.68bBC	2.00aA	6.01aA	101.54aA	16.49aA	10.13bB	42.72aA
扬豇 40	11.15cC	4.89aA	1.96bB	6.00aA	98.27bB	13.86cC	10.54aA	40.89bB
之豇 28-2	11.24bB	4.90aA	1.44cC	5.86aAB	90.32cC	9.14eE	3.53hH	34.33cC
早豇 9443	10.06dD	4.73bB	1.35dD	5.38bBC	78.76dD	8.87fF	5.01fF	30.88dD
美国无架豆	9.71eE	4.71bB	1.24eE	5.22bC	58.55fF	7.27jJ	1.44jJ	22.42gG

续表 2-10

品 种	成虫数(头/株)				卵 数(粒/株)			
	第一天	第二天	第三天	平 均	第一天	第二天	第三天	平 均
之豇特长 80	8. 26fF	4. 69bBC	1. 06fF	4. 67cD	58. 94eE	7. 38iI	7. 36cC	24. 56fF
之豇 844	6. 95gG	4. 62cC	0. 97gG	4. 18dE	58. 11gG	15. 05bB	7. 18dD	26. 78eE
利丰高产 8 号	6. 55hH	2. 92eE	0. 85hH	3. 44eF	48. 69hH	7. 50hH	5. 37eE	20. 52hH
春秋红豇豆	5. 83iI	3. 42dD	0. 74iI	3. 33eF	36. 63iI	8. 04gG	5. 34eE	16. 67iI
秋紫豇 6 号	4. 86jJ	2. 5gG	0. 32jJ	2. 56fF	30. 54jJ	4. 12kK	2. 00iI	12. 22kK
之豇特早 30	4. 32kK	2. 76fF	0. 24kK	2. 44gG	29. 77kK	9. 84dD	4. 16gG	14. 59jJ
帮达 1 号	2. 97lL	0. 07hH	0. 11lL	1. 05hH	17. 14lL	1. 59lL	1. 25kK	6. 66lL

注：同一列中小写英文字母相同，表示在 0. 05 水平上差异不显著；同一列中大写英文字母相同，表示在 0. 01 水平上差异不显著。

4. 寄主植物抗烟粉虱品种的选育 众所周知，烟粉虱危害范围广、程度重，防治难度非常大，所以针对烟粉虱筛选抗性种质、进而选育抗性品种是最经济有效的防治烟粉虱的措施。

徐冉等 2004 年和 2007 年分别在济南、冠县两地对 419 份国内外大豆品种资源进行了抗烟粉虱鉴定，发现大豆品种单叶感染烟粉虱的平均数受时间、地点等环境因素影响，但综合比较后发现，同一品种在不同地点、不同年份感染烟粉虱的平均数在所有参试品种中所处的位置相对一致，表明品种抗虫性不因年份、环境变化而变化（表 2-11）。

表 2-11　大豆品种(系)不同年份不同地点感染烟粉虱平均数的比较
（徐冉等，2008）

项目	山东济南(2004 年)		山东济南(2007 年)		山东冠县(2007 年)	
	品　种	烟粉虱数	品　种	烟粉虱数	品　种	烟粉虱数
感染烟粉虱最少的品种	滑皮豆	0.4	红滑皮	2.1	滑皮豆	1.9
	东选 1 号	1.6	滑皮豆	2.2	豆 12	2.5
	菏豆 12	2.1	东选 1 号	2.5	东选 1 号	2.7
	狼子尾	2.2	横　河	3.1	红滑皮	2.9
	苗楼 68-4	2.2	菏豆 12	3.7	德豆 99-4	3.8
	竹叶青	2.3	冠豆 1 号	5.1	横　河	3.8
	横　河	2.6	狼子尾	5.4	狼子尾	5.3
	黄苦豆	2.6	圣豆 1 号	5.9	冠豆 1 号	6.1
	86534S-1	3.2	济 2106	7.3	菏 99-14	6.1
	小红脐	3.2	菏 99-48	7.3	鲁豆 2 号	6.1
感染烟粉虱最多的品种	齐黄 26	68.7	齐黄 26	28.7	齐黄 26	104.5
	鲁豆 10	80	鲁豆 10	21.8	鲁豆 10	98.4
	为民 1 号	56.3	齐黄 27	20.9	齐黄 28	53.7
	平顶黄	36.5	鲁豆 12	18.3	鲁豆 1 号	29.2
	青黄青	34.4	临 747	17.1	鲁豆 11	22.3
	铁竹杆	29.4	菏 99-35	16.7	齐黄 27	21.3
	鲁豆 12	36.9	齐黄 1 号	14.9	鲁 93125-4	21.3
	齐黄 28	27.7	齐黄 28	14.7	临 747	19.8
	85459-1	22.4	济 2101	14.6	鲁豆 12	17.9
	齐黄 27	21.9	鲁豆 11	12.9	济 2105	17.4

通过分析发现，大豆品种对烟粉虱的抗性与叶片的茸毛性状有密切关系，无茸毛型抗性最强，茸毛紧贴型次之，茸毛直立型较差，茸毛斜立型抗性最差。大豆受烟粉虱危害程度与籽粒蛋白质和脂肪含量有密切关系，蛋白质含量越高受害越严重，脂肪含量越高受害越轻。根据鉴定结果，本研究提出了单叶平均感染烟粉虱 0 头为免疫，0.1～3.0 头为高抗，3.1～10.0 头为中抗，10.1～20.0 头为中感，20 头以上为高感的抗性鉴定标准。筛选抗烟粉虱的大豆品种应重点选择无

茸毛或茸毛紧贴型品种。

根据这一鉴定结果，参考不同品种2年3个试点单叶感染烟粉虱的平均数，确定滑皮豆、东选1号、菏豆12、横河4个品种为高抗的标准品种，齐黄26、鲁豆10号、齐黄28、鲁豆12这4个品种为高感的标准品种(表2-12)。

表2-12 不同年份不同地点标准品种单叶感染烟粉虱的平均数

(徐冉等，2009)

类型	品种	山东济南(2004年)	山东济南(2007年)	山东冠县(2007年)	平均
抗虫品种	滑皮豆	0.4	2.2	1.9	1.5
	东选1号	1.6	2.5	2.7	2.3
	菏豆12	2.1	3.7	2.5	2.8
	横河	2.6	3.1	3.8	3.2
感虫品种	齐黄26	68.7	28.7	104.5	67.3
	鲁豆10号	80.0	21.8	98.4	66.7
	齐黄28	17.7	14.7	53.7	32.0
	鲁豆12	36.9	18.3	13.9	24.4

目前，世界上已选育出一些抗粉虱或其所传病毒的作物品种。例如，少毛的比多毛的棉花品种能够忍受烟粉虱的危害。又如，BGL是一种高抗棉花曲叶病毒(CLCV)的品种，在苏丹已成功地种植多年；TY-20是一种抗番茄黄化曲叶病毒(TYLCV)的番茄品种，于1998年面世并已大量推广。国外已发现含棉酚高的棉花品种对烟粉虱具有抗性。巴基斯坦推广了6个抗棉花卷叶病的品种，同时还开发了抗粉虱的番茄、花生和南瓜等品种。

(四)烟粉虱的入侵机制

由于贸易等人类活动有意或无意地加速有害生物的传播

扩散，而且由于对新栖息地缺乏有效天敌的控制，这些外来生物快速生长繁衍，危害本地的生产和生活，改变了当地的生态环境并造成很大的危害，构成了外来生物入侵。外来生物成功入侵通常与其繁殖能力、传播特性、种群遗传结构等自身特性有关。

近些年来，对烟粉虱的研究发现，我国烟粉虱的大发生与其生物型有很大关系。罗晨等(2002)通过比较 COI 基因序列，检测了北京、广东、陕西、新疆 4 个不同地理区域的 5 个烟粉虱种群的生物型，经鉴定与 20 世纪 80 年代在美国发现的 B 生物型烟粉虱为同一种生物型。他们认为，B 生物型烟粉虱是近些年入侵我国的外来种群，极有可能是由国外的观赏植物引入到我国多个地区，并随花卉、苗木的调运在国内不同地区传播，进一步扩散至周边农业种植区，并造成严重危害。一般学者认为，B 生物型烟粉虱能够成功入侵并造成严重危害，可能与 B 生物型烟粉虱对本地土著种群的竞争取代能力密切相关，同时 B 生物型烟粉虱的抗药性在入侵过程中的作用也是不容忽视的，此外也与寄主植物、气候和越冬场所等环境因素有关(褚栋等，2004)。

1. 竞争取代 B生物型烟粉虱竞争取代土著种群的现象已在多个国家和地区发生。20 世纪 90 年代初，在美国 B 生物型烟粉虱成功取代了当地的 A 型烟粉虱；澳大利亚的土著烟粉虱种群也由原先的广泛分布而被 B 生物型烟粉虱竞争取代，仅在棉花上有少量分布；我国浙江地区的调查也显示，B 生物型烟粉虱已经成功入侵，并取代了土著种群。近 2 年来，另外一种入侵生物型 Q 型也引起了业界的广泛关注。笔者在对湖北地区为期 3 年的调查中发现，Q 型烟粉虱也有明显的竞争取代现象，已经成功在湖北地区入侵并定居。

经过多年的观测，B 生物型烟粉虱的竞争取代机制主要为生态位竞争、生殖干涉、携带和传播双生病毒等方面。生态位竞争包括 B 生物型烟粉虱和土著种烟粉虱的寄主植物、相似的季节活动时间以及相同的小生境。生殖干涉也是入侵生物竞争取代的重要机制。B 生物型烟粉虱能够对其他土著种烟粉虱进行生殖干涉，降低其他生物型烟粉虱的交配概率，从而减少其雌虫的繁殖率进而被取代。刘树生等(2007)对我国土著种群 ZHJ-1 和入侵型 B 型生殖干涉发现，B 型对 ZHJ-1 型干涉作用明显。同样，在 B 型和 Q 型烟粉虱之间也存在生殖干涉(Pascual et al.，2003)。B 生物型烟粉虱携带和传播双生病毒可能有助于它的繁殖和生存，从而在种间竞争中起到很大的作用。B 生物型烟粉虱能对竞争性昆虫产生严重影响，一般在烟粉虱危害的寄主植物上，很少发现其他的竞争性昆虫。最近的研究表明，这可能与 B 生物型烟粉虱携带和传播双生病毒以及寄主植物的防御性有关。

2. 抗药性　自从 B 生物型烟粉虱出现后，人们发现烟粉虱的抗药性与生物型之间有密切联系。通过大量研究发现，B 生物型烟粉虱对一些化学杀虫剂表现不敏感。在很多地方，当 B 生物型烟粉虱大规模暴发时，施用化学农药控制效果很差，却对烟粉虱的天敌造成了危害，破坏了原有物种间的生态平衡，而且由于长期的不合理用药，加快了烟粉虱抗性的产生和增强。B 生物型烟粉虱比其他多数生物型烟粉虱更容易产生抗药性，并且大量化学杀虫剂的施用有利于其入侵、扩散和暴发。目前，烟粉虱已经对常规杀虫剂如有机磷类、拟除虫菊酯类和氨基甲酸酯类等产生了高水平抗性。某些地区的调查发现，烟粉虱对昆虫生长调节剂和烟碱类杀虫剂的抗性也是十分普遍(何玉仙等,2005)。

3. 对寄主植物的适应　B生物型烟粉虱能够诱导寄主植物产生防御反应,产生致病相关蛋白,从而干扰食用同种寄主植物的昆虫的取食。通常这些防御化学物质不在韧皮部表达或产生效应,而B生物型烟粉虱主要取食韧皮部,这就避开了寄主植物防御反应产生的化学物质的干扰。

三、不同地域烟粉虱发生特点

自20世纪90年代中后期以来,烟粉虱相继在我国的棉花、蔬菜和花卉上发生危害,并在局部地区造成严重损失,对我国的蔬菜、园林植物和一些经济作物的生产构成了严重威胁。近年来,我国已有22个省、自治区、直辖市报道了烟粉虱的发生与危害,并且还在不断地快速扩散,已在许多地区暴发成灾。经DNA技术分析鉴定,近年在我国大陆大发生的是B生物型烟粉虱。相对于B生物型烟粉虱,另一在杂草上具有更强的生殖力、更短的发育历期以及更大危害性的外来入侵生物型——Q型烟粉虱已相继在我国云南省(褚栋等,2005)、北京市海淀区、河南省郑州市(褚栋等,2005)、浙江省局部地区(徐婧等,2006)和湖北省部分地区(饶琼等,2007)发现,且危害日益加重并不断扩散蔓延。

有关科研部门、农业大专院校及农业技术部门开展了大量的调查研究,在烟粉虱的寄主植物、危害特点、发生消长规律研究方面取得了一批重要成果。现将研究结果按北方、长江中下游和南方进行分区综合如下。

(一)北方地区烟粉虱发生特点

1. 烟粉虱的发生与危害 在东北地区，据王中武等(2004)在吉林市北华大学农业技术学院园艺试验场的温室内发现烟粉虱危害一品红、扶桑等16种花卉，其中扶桑、风铃花、独角莲、一品红等花卉上的烟粉虱成虫多达30多头/叶，若虫及蛹壳更是密集分布，并造成受害叶片褪绿、变黄、变褐，甚至皱缩、枯萎，并引起煤污病的大发生。

在华北地区，2000年9月18日，人民日报(网络版)发表了题为"天津:空中飘着'白粉虱'"的报道。报道称9月中旬天津市民发现走路时迎面飘来很多白色粉尘，当时有关部门将这些白色漂浮物解释成白粉虱，后经专家进一步鉴定证实为烟粉虱。此外，据姜京宇等(2001)和王新学等(2001)报道，2000年8月上旬以后，在河北省沧州、衡水、廊坊、保定(高阳县)、石家庄等地植保站相继监测到烟粉虱严重发生的虫情。

在北京地区的温室和大棚蔬菜上，由于烟粉虱的危害，导致了煤污病的发生。如在大兴区长子营乡农副业生产基地，8～9月份烟粉虱危害最重，在番茄上成虫数高达500头/叶；据菜农估计，严重受害的黄瓜大棚，损失达70%左右(罗晨等，2000)。

张慧杰等2000年9～10月份在山西省运城、临汾两地区调查，单叶虫量棉花为100～200头，西葫芦为200～300头，向日葵高达400余头。此外，受害作物还有甘薯、芝麻、萝卜、白菜、大豆、绿豆、番茄以及野生植物资源。其中，甘薯、棉花、大豆和萝卜受害最为严重。由于烟粉虱危害，导致萝卜花叶病病株率达90%以上，减产40%左右(张慧杰等,2002)。

山东省2001～2003年烟粉虱发生与危害十分严重。发生区域在聊城、潍坊、枣庄、郓城和滨州等地。主要危害蔬菜、花卉、棉花等作物30多种。其中,在滨州市的调查发现,棉花、大豆、花生、苜蓿、一品红以及茄子、甘蓝等几乎所有蔬菜上都发现有烟粉虱危害;在市区周围的棉花、蔬菜上虫株率达100%,棉花、茄子、黄瓜等阔叶作物单叶有虫高达100多头,全市农作物受害面积达13.3万多公顷,造成直接经济损失达1 000万元以上(田家怡等,2002)。

刘爱芝等1999年首次在河南省农业科学院试验田发现烟粉虱危害棉花,但种群数量少,不需要防治。2000～2001年,烟粉虱在河南省部分地区暴发成灾,尤以棉花、十字花科蔬菜、油菜、番茄、茄子、甜瓜、蛇莓、一品红和香椿等受害较重。目前,已迅速发展成为蔬菜、花卉、棉花和油料作物的重要害虫。

2. 烟粉虱的寄主 罗晨等(2000)在北京部分地区对烟粉虱的初步调查发现,烟粉虱的寄主植物共24科74种(变种)。在温室和大棚蔬菜,烟粉虱的寄主共有9科32种,其中以甘蓝、番茄、长茄、黄瓜、甜瓜、西葫芦受害较重;在露地,共查到烟粉虱寄主9科15种植物。此外,还查到观赏植物寄主17科27种。据张丽萍等统计,山西省烟粉虱的寄主植物有27科103种(变种)。而姜京宇的调查结果显示,在河北省,烟粉虱寄主植物有大田农作物12种、蔬菜27种、树木11种、花卉21种、杂草20种;严重危害的农作物种类有棉花、大豆、白菜、黄瓜、甘蓝、萝卜、茄子等。

3. 烟粉虱越冬场所 一般来说,烟粉虱在我国北方地区露地不能安全越冬,冬季迁入棚室等保护地繁殖、危害和越冬，但具体越冬场所至今还缺少系统调查研究。

4. 烟粉虱年发生规律 烟粉虱在北方1年发生6～10代，世代重叠。据河北省植保站观测，烟粉虱在河北省全年均有发生，但随着温度变化，在露地与棚室间迁移，消长过程包含4个关键时期。第一个时期是春季上升和迁移期。早春的棚室发生数量上升，4月上旬月季出芽展叶时露地始见烟粉虱，虫源由室内、棚内向庭院迁移。第二个时期是露地蔬菜发生期。5月上旬为露地菜的烟粉虱始见期，发生时期与春季的适宜作物如十字花科、茄果类蔬菜种植生长高峰期吻合。第三个时期是秋季暴发盛期。随着棉花生长旺盛和秋菜7月下旬至8月上旬播种后，8月下旬进入发生盛期，持续到10月上旬，长达60～70天，10月中旬进入末期，至11月上中旬露地作物收获完毕结束。第四个时期是越冬迁移期。随着大秋作物和秋菜的逐渐收获和温度的降低，烟粉虱数量减少和消失，11月中下旬随秋延后茬蔬菜和冬棚菜、花卉的盖膜加温，露地棚间包括庭院花卉的烟粉虱成虫逐渐迁入棚室繁殖、危害、越冬。

在河北省廊坊市棉田，一般6月中旬始见烟粉虱成虫。轻发生年份烟粉虱成虫数量增长缓慢，7月中旬后逐渐减退；严重发生年份(2000年)烟粉虱成虫种群数量在棉花生长中前期即持续增长，7月下旬进入高峰期，棉田烟粉虱成虫数量达百株三叶2 236～8 310头，8月中旬后逐渐减少(吴孔明等，2001)。

(二)西北地区烟粉虱发生特点

1. 烟粉虱的发生与危害 1998年在新疆乌鲁木齐市的一品红上发现烟粉虱，随后在石河子、哈密、库尔勒、克拉玛依等地花卉上均采到此虫。1999年，吐鲁番长绒棉研究所棉花试验田由于烟粉虱的危害，棉花棉絮布满蜜露，纤维受到严重污染，煤污病也十分严重。在新疆，已发现受烟粉虱危害的作物有棉花、番茄、黄瓜、茄子、甜瓜、葡萄、一品红、倒挂金钟、羽衣甘蓝、桑叶牡丹、冬珊瑚、绿花菊、酒瓶兰、蜀葵、荭草、苘麻等，其中棉花和大棚内的蔬菜受害较为严重。

宁夏自20世纪90年代以来，随着设施蔬菜尤其是日光温室蔬菜栽培的出现和面积的不断扩大，烟粉虱开始出现，且发生面积和寄主范围不断扩大，危害程度逐年加重。据调查，大田中菜豆叶片虫量（包括成虫、若虫和卵）最高时可达136头/叶，危害损失率达75%。

2004年，烟粉虱在甘肃省敦煌市个别乡（镇）棉田严重发生，造成重大损失。据敦煌市农技中心8月底调查，重发区孟家桥、肃州、吕家堡3个乡（镇），烟粉虱危害造成棉田棉株死亡率在50%～80%，重发田籽棉产量平均损失63.7%，严重地块减产高达98.4%；蕾铃脱落率增加13.4%，严重田蕾铃脱落率增加27.9%。

2. 烟粉虱的寄主 在宁夏受烟粉虱危害的作物主要有番茄、黄瓜、甜瓜、西瓜、菜豆、茄子、甜（辣）椒、白菜、萝卜、甘蓝、马铃薯、向日葵、玉米、苜蓿、大豆、葡萄以及花卉等，其中蔬菜受害最为严重（马绍国等，2004）。

张世泽（2007）等2004～2005年调查记录了西安地区烟粉虱的寄主植物，经鉴定达24科53种（变种），茄科、葫芦科、豆科、十字花科和菊科的种类较多，其中包括蔬菜、果树、花卉园林植物、经济植物和杂草等。

3. 烟粉虱越冬场所　烟粉虱在西北地区主要以各个虫态在温室蔬菜及花卉上越冬，露地不能安全越冬。2002 年，宁夏惠农测报站利用黄板露地诱粘烟粉虱成虫，10 月 21 日后再未诱粘到，同时在温室秋茬作物上发现该虫。12 月至翌年 3 月份在大田、村庄、果园调查，均未发现该虫（马绍国等，2004）。

4. 烟粉虱年发生规律　烟粉虱在甘肃省敦煌市 1 年发生 6～10 代，主要以各个虫态在温室蔬菜及花卉上越冬危害，翌年 6 月初迁移到田间棉花上开始危害棉花，时间长达 120 天。成虫在棉株上有选择嫩叶群居和产卵的习性。虫口密度起初增长较慢，7 月下旬至 8 月中旬虫口密度达到高峰，9 月下旬随着棉花收获，同时温室蔬菜、花卉栽培开始，烟粉虱陆续向温室转移，进入越冬期（张秋萍等，2005）。棉田烟粉虱种群数量动态见图 2-1。

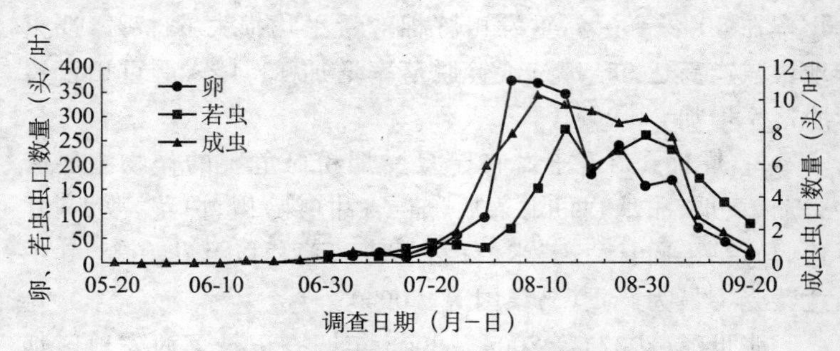

图 2-1　棉田烟粉虱种群数量动态

（王伟等，2007 年）

烟粉虱在宁夏 1 年发生 8～10 代。10 月中下旬后，进入温室危害越冬，翌年 5 月中下旬温室揭膜后开始进入大田危害。2002 年，宁夏惠农测报站从 3 月 20 日开始利用黄板露地诱粘烟粉虱成虫，始见期为5月25日，7月下旬大田普遍发生。进入8月份以后，数量迅速上升，各类蔬菜作物叶片上出现了数量不等的烟粉虱卵。8月5日，3个测报点平均每板单面诱虫180.7头。8月中旬至9月中旬为烟粉虱发生危害高峰期。9月1日，3个测报点平均每板单面诱虫560头，最高达832头。9月下旬，随气温下降及各类寄主植物的老化，烟粉虱数量逐渐减少，9月25日下降到168头/板，10月10日仅为16头/板。冬季在温室内，其发生量与温室内作物种类及苗期烟粉虱发生量有很大关系。一般茄果类、瓜类作物发生较重，苗期如果苗带虫卵多，移栽到温室内，烟粉虱在短期内就可普遍发生；反之则少。从11月份至翌年2月中旬，该虫在温室内普遍发生，3月份以后，随着外界气温的不断升高，发生数量不断升高，至5月份如防治不彻底，可暴发成灾。5月下旬，温室揭膜后烟粉虱开始出棚危害大田作物（马绍国等，2004）。

（三）长江中下游地区烟粉虱发生特点

1. 烟粉虱的发生与危害 长江中下游地区的江苏、湖北、安徽、浙江、江西、湖南、上海等六省一市烟粉虱寄主丰富，均有烟粉虱发生与危害，且逐年加重。受害较重的有多种蔬菜、棉花、花卉等。

安徽省萧县2002年先后在多种蔬菜、花卉上发现烟粉虱危害。据2003年春、夏、秋季调查，烟粉虱在大棚黄瓜及露地西葫芦、南瓜、丝瓜、番茄、茄子、甜瓜等蔬菜和一品红、月季、扶桑等花卉上严重发生，受害作物叶片变为黄色，甚至全株枯死。受害植物单叶有虫（成虫、若虫）量：大棚黄瓜为0～126头，平均37.9头；西葫芦为7～780头，平均52.6头，受害重的植株叶片全部变为银色，生长停滞；南瓜为25～1 230头，平均290头；一品红、月季、扶桑均为10～320头，平均82.1头，一半受害花卉枯死。大田作物如玉米、棉花、大豆、甘薯、花生等均发现烟粉虱危害，甚至城乡近地面空中亦飞舞着“白色”的烟粉虱成虫（宋爱颖等，2004；张世杰等，2004）。此外，2004年烟粉虱在淮北市的危害主要集中在棉花、蔬菜等作物上，特别在番茄、白菜、萝卜等烟粉虱较喜食的作物上虫口密度每株高达1 000头以上。

连云港地区2002年5月在东海、赣榆两县开始发现有烟粉虱零星危害，2003年雨量、雨日较常年偏多，但烟粉虱仍然大发生，且迅速蔓延至连云港全市；9月中旬东海县调查发现，多种蔬菜上均有不同程度发生，一般有成虫3～150头/叶，其中花椰菜、白菜、番茄、黄瓜、西葫芦上发生较重，平均有成虫48头/叶，最高达200头/叶，植株中上部叶片有若虫及卵6～15头（粒）/厘米^2，下部老叶虫（卵）量较高，一般100头（粒）/厘米^{2}以上，发生级别均达四级（孔令军等，2004）。2003年，江苏省东台市局部地区烟粉虱暴发成灾，其中以葫芦科、十字花科、豆科、茄科和菊科植物居多；从受害程度看，蔬菜以西瓜、黄瓜、番茄、甜椒、花椰菜、萝卜、结球甘蓝为重，大田作物以棉花、大豆和油菜苗为重。烟粉虱暴发区域，受害棉花叶片正面出现褪绿斑，高虫口密度区棉花叶片失水枯死脱落，并导致中上部蕾铃脱落，减产50%以上，严重田块全田“光杆”。大豆受害后，叶片黄褐色，并很快失水枯死，空荚瘪粒增加，减产20%～30%，严重的田块减产50%以上。大棚秋西瓜受害后，叶片、蔓、果实黄化焦枯，最终近1公顷大棚秋西瓜因虫灾毁苗；秋季大棚茄果类、瓜类作物受害后形成花叶、皱叶，叶片黄化，有的整株枯萎，同时受害叶片因霉菌感染，霉层覆盖叶片表面，严重影响光合作用，损失加重（李瑛等，2004）。

湖北省武汉市 2004 年暴发烟粉虱，2006 年发生区域由武汉市扩展到孝感、汉川等 9 个地（市），蔬菜烟粉虱发生面积 26.7 万公顷，棉花烟粉虱发生面积 5.4 万公顷；2007 年，全省发生面积迅速扩大，除北部棉区局部发生外，其他大部棉区已普遍发生，并扩散到与之交界的湖南省北部洞庭湖地区。据统计，湖北省棉田发生面积 2007 年达 26.7 万公顷，较 2006 年增长了 3 倍。蔬菜烟粉虱发生面积 41.5 万公顷。根据仙桃市植保站 2006 年 7～8 月的普查结果，蔬菜受害较重的作物主要有辣椒、茄子、番茄、豇豆、扁豆、甜瓜、黄瓜、大白菜、萝卜等。3 月 30 日，在大棚辣椒苗床上调查，每平方米烟粉虱成虫为 100 头，4 月逐渐增多，并转入露地，至 5 月进入发生危害高峰，辣椒上平均成虫量为 68 头/百叶，平均若虫量为 270 头/百叶。6 月初，烟粉虱陆续从菜田迁入棉田危害，一般棉田百株三叶虫量为 4～70 头，平均为 18 头；与蔬菜大棚相邻的棉花上烟粉虱百株三叶成虫量为 6 600 头，若虫量为 2 700头，卵量为 3 300 粒。随着夏收蔬菜的收获，烟粉虱 7 月份大量转入棉田。7 月 20 日，棉田百株三叶虫量为40～480 头，平均为 168.5 头。至 7 月底，棉田百株三叶虫量为 100～3 000头，平均为 558 头；大棚蔬菜附近的棉田百株三叶虫量高达 2 100～11 000 头，单株顶叶卵量高达 1 500 粒/叶。烟粉虱危害棉花后易造成棉株营养不良、光合作用差、落花落蕾、棉田早衰，同时还能诱发煤污病、传播病毒病等，局部田块棉株整株呈黑色，减产严重，籽棉损失在 10%以上。据汉川市植保站调查统计，汉川市有 1.47 万公顷棉花受到不同程度危害，其中 2 000 公顷棉田减产超过 50%，约 6 667 公顷棉田平均每公顷新增防治成本 1 500 元。

据陈连根(1997)调查,1994～1997 年在上海的 13 种园林植物和 1 种蔬菜作物上发现有烟粉虱的危害;期间每次去发生地调查,均发现新寄主,其中在结球甘蓝上发生严重。

浙江省台州市 2001～2002 年因为引进花卉、蔬菜、瓜苗等导致烟粉虱的传入。2001 年 10 月至 2003 年 5 月,对 B 生物型烟粉虱进行了室内饲养观察,饲养寄主选择烟粉虱特别喜食的花卉一品红,个别时段辅之以番茄或红茄植株。从饲养结果可知,烟粉虱在当地发生 11 代,以伪蛹越冬,从第 2 代开始明显出现世代重叠现象。从调查情况看,烟粉虱前期数量增加相对比较缓慢;6 月份开始虫量逐渐增加;7 月份以后明显上升;8～9 月份数量剧增,达到高峰;10 月中旬以后随着气温的下降虫量开始回落。就代数而言,第 5、6、7、8 这 4 代烟粉虱的发生虫量相对较高,危害也最为严重(董国堃等,2004)。

浙江省高邮市 2004 年首次发现烟粉虱,并在局部地区暴发成灾。田间调查发现,8 月下旬 B 生物型烟粉虱在棉田已有较高的虫口密度,如 8 月 31 日第一次调查时,平均每片棉花叶上有烟粉虱 238.96 头(包括卵、若虫、伪蛹和成虫),最高的达 2 030 头。烟粉虱在 10 月中旬前虫量积累,稳步增长,10 月中旬和下旬分别出现 2 个激增高峰,10 月下旬后虫量逐渐下降。此外,9 月 5 日、9 月 15 日的调查数量比 8 月 31 日、9 月 10 日的数量略有下降,可能是 9 月 4～5 日、9 月 13～14 日降雨冲刷所引起的。10 月 10 日、10 月 25 日分别出现 1 个激增高峰,峰期平均单叶虫量分别为 3 161.27 头和 6 515.8 头;峰期最高的单叶虫量分别达到 14 350 头和 44 240 头。从 10 月 30 日开始虫量逐渐下降,其原因主要是由于气温逐渐下降以及棉叶衰老而食料条件不利于其生长发育(徐金妹等，2006)。

2. 烟粉虱的寄主 2001～2002 年通过对江苏省 13 个地区 40 个县(市、区)烟粉虱寄主植物的调查结果表明:江苏省烟粉虱寄主植物共 31 科 101 种(变种)，主要分布于葫芦科、十字花科、豆科、茄科和菊科等。烟粉虱危害程度以苏北地区较重，苏南和苏中大部分地区较轻。其中，徐州地区烟粉虱主要寄主有 9 科 20 余种栽培作物(戴率善等，2004)。2002～2004 年对江苏省 13 个地级市(县、区)的农田、果园、蔬菜基地、花卉种植基地、公园、田边杂草等地的农作物、果树、蔬菜、花卉、观赏植物、杂草的调查发现，江苏省烟粉虱寄主植物达到 45 科 162 种(变种)，其中以菊科(23 种)、茄科(14 种)、葫芦科(12 种)、十字花科(11 种)、豆科(11 种)中的寄主植物种类较多。烟粉虱危害严重的植物有 10 科 36 种(变种)，分别是:蔬菜类的莴笋、长叶莴苣、小白菜、大白菜、萝卜、结球甘蓝、花椰菜、黄瓜、圆南瓜、长南瓜、西葫芦、丝瓜、蛇瓜、毛豆、四季豆、菜豆、豇豆、辣椒、番茄、茄子;观赏植物及花卉类的非洲菊、田旋花、牵牛、圆叶牵牛、一品红、一串红、大叶枸杞;杂草类的反枝苋、苦苣草、益母草、苘麻、矮牵牛、龙葵;以及其他经济作物棉花，油料作物油菜、花生。在这 36 种(变种)植物中，茄科、葫芦科、十字花科各有 6 种，豆科和菊科各有 4 种。烟粉虱对寄主植物存在明显的选择性。在虫口密度中等的环境下，烟粉虱对茄子、花椰菜、黄瓜、四季豆、结球甘蓝、南瓜等寄主植物具有较强的选择性，而对苋菜、菠菜、胡萝卜等寄主植物选择性较差。

在浙南地区，已在 9 科 40 种蔬菜(番茄、樱桃番茄、茄子、甜椒、辣椒、黄瓜、冬瓜、南瓜、甜瓜、丝瓜、西瓜、西葫芦、蒲瓜、大豆、豇豆、四季豆、红扁豆、豌豆、蚕豆、大刀豆、甘薯、花椰菜、甘蓝、大白菜、香菇菜、芥菜、茎用芥菜、盘菜、菜心、菠菜、芹菜、白萝卜、大头菜、雪菜、莴苣、马铃薯、毛芋、白马兰、菊花脑、黄秋葵）上发现烟粉虱，几乎遍及所有蔬菜，其中尤以黄瓜、甜瓜、番茄、茄子、西葫芦、花椰菜、甘蓝及豆类受害最重；14 科 21 种园林花卉植物（一品红、羽衣甘蓝、一串红、金盏菊、天竺葵、万寿菊、凤仙花、月季、观赏辣椒、观赏番茄、非洲菊、合谷芋、发财树、大菊花、小墨菊、鸡冠花、石榴、茉莉花、葡萄、玉兰、无花果）上发现烟粉虱，其中以一品红、非洲菊、大菊花、茉莉花、玉兰、小墨菊等受害较重；8 科 19 种杂草（莲子草、虾藻菜、繁缕、马唐、鳢肠、蔊菜、碎米荠、长果母草、通泉草、婆婆纳、紫花酢浆草、活血丹、滇苦菜、鼠麯草、羊台、紫背天葵、小飞蓬、龙葵、藜）上发现烟粉虱，其中以通泉草、婆婆纳、活血丹、长果母草、滇苦菜、紫背天葵、蔊菜等杂草上发生量较大。

2006 年，鄂州市植保站对烟粉虱寄主植物进行调查，发现有寄主植物 18 科 49 种之多。

3. 烟粉虱越冬场所　董国堃等（2004）于 2001 年 10 月 18 日和 11 月 7 日从大棚内选择有各种虫态的一品红和羽衣甘蓝各 1 盆，分别放置于室内和露地尼龙罩内观察其繁殖和越冬情况。12 月 24 日时值冷空气过境后，室内和露地尼龙罩内一品红和羽衣甘蓝叶上的成虫全部死亡。至 2002 年 2 月 4 日检查，见到室内尼龙网罩内一品红叶上有伪蛹羽化的成虫 2 头，露地尼龙罩内未见。至 2002 年 2 月 22 日检查，标记的有卵叶始终未见其上有孵化的若虫。初步表明，浙江省台州市烟粉虱在室外露地不能越冬，室内伪蛹要在植株活体上才能成功越冬。

王勇通过人工模拟寒潮作用，在不同类型大棚内的实际观测以及野外越冬调查等方式，对江苏省烟粉虱的越冬进行了研究。室内试验用萝卜和莴苣作为寄主植物。结果表明:烟粉虱有一定的耐低温能力,在0℃以上的温度环境中,烟粉虱不会出现急性死亡,但在-2℃以下时,烟粉虱开始出现死亡,随着温度的降低和处理时间的延长,烟粉虱的死亡率迅速上升,-4℃以下持续6小时以上烟粉虱全部死亡。2006年12月,江苏苏北地区绝对最低温度为-5.5℃～6.1℃(2006年12月9日),南京市为-5.6℃(2006年12月29日)。苏州是江苏省最南部的城市,据苏州市气象局资料,2005～2007年,该市3年地表绝对最低温度分别为-7.1℃(2005年1月2日)、-5.2℃(2006年1月7日)和-5.9℃(2007年2月2日),均低于-4℃致死温度,也就是说,在江苏省烟粉虱不能露地越冬。

周国珍等2007年、2008年连续2年于1～3月份露地调查杂草及花卉寄主,烟粉虱卵、若虫、伪蛹3种虫态能在露地安全越冬,特别是遭遇了2008年冬季冰雪天气后,3月11～14日在襄阳区、曾都区、荆州市、仙桃市、天门市、汉川市等多点调查多种杂草和花卉发现,烟粉虱在湖北省露地能越冬,虽然虫量不大而不能作为露地的主要虫源基数,但2005～2007年湖北省烟粉虱扩展迅速,与烟粉虱能在露地越冬不无关系。

4. 烟粉虱年发生规律 烟粉虱在长江中下游六省一市均有发生,1年发生10～15代。在湖北省年发生规律为:12月至翌年3月,在蔬菜大棚里以各种虫态越冬,温度适宜则继续发育和活动取食;3月下旬至4月初,成虫通过大棚通风口转移到露地蔬菜上危害;4月中下旬在露地蔬菜上能见到低龄若虫,首先在辣椒、黄瓜、番茄、茄子等露地蔬菜上危害;6月上中旬在与蔬菜混作的棉花上能见到成虫;7月烟粉虱开始进入发生高峰,棉花、瓜类、茄果类、四季豆等蔬菜受害严重;8～9月烟粉虱发生达到全年最高峰,绝大多数蔬菜、棉花、多种杂草上都有发生,严重的地区甚至城区也出现大量成虫;9月下旬至10月初,秋延后蔬菜因覆盖棚膜温度较高,烟粉虱发生量明显大于露地蔬菜,受害较重。露地蔬菜受害一直持续至12月初。

在江苏省徐州地区,烟粉虱在田间消长大致分为4个阶段,且成虫有4个主要迁移期。一是越冬期:10月底至11月上旬,日平均气温稳定降至12℃以下,并出现霜冻,晚秋蔬菜、棉花等大部分栽培寄主收获,露地越冬菜及杂草等寄主上难以查见烟粉虱,只有温室蔬菜和极少数覆盖双膜且背风向阳、土表不结冻的牛蒡等越冬菜及杂草上的烟粉虱进入越冬期。在长达5个多月的越冬期中,烟粉虱繁殖慢、密度低。二是春、夏缓增期:4月中下旬,日平均气温稳定升至12℃以上,夜间无霜冻时温室内少量烟粉虱成虫通过通风口飞迁到附近蓓草、越冬及春季定植蔬菜、春播棉花、大豆、花生等寄主上,即成虫第一迁移期。5月下旬至6月中旬,揭膜后、罢园前的温室菜及上述寄主上烟粉虱繁殖速度加快,虫口密度逐渐上升,除在原地繁殖危害外,部分成虫陆续迁移到夏播(栽)蔬菜、大豆、花生、麦套移栽棉花等作物上,即成虫第二迁移期。三是夏、秋盛发期:7月中下旬,日平均气温升至26℃以上,烟粉虱繁殖速度进一步加快,8月中旬田间出现烟粉虱卵和若虫高峰,主要寄主上的虫量达到全年最高值,此时也是全年烟粉虱发生面最广的时期。8月下旬,卵和若虫密度虽然下降,但成虫却进入高峰期,此时不仅田间成虫量达到最高值,而且在其过渡寄主蓓草等杂草上的成虫数量也大为增加。成虫高峰期一般可延续至9月上旬。四是秋季递减期:9月中旬,日平均气温稳定降至22℃以下时,烟粉虱各虫态的密度均逐日下降。随着大豆、花生及夏季蔬菜的收获和棉花的逐渐老黄,温室越冬菜开始定植,多数大田作物上的成虫先后向即将扣棚的设施菜、晚秋露地菜及田外杂草迁移，即成虫第三迁移期。10月底至11月上旬，日平均气温降至12℃以下，即将拔除秸秆的棉花及晚秋露地蔬菜、杂草上的部分成虫，从通风口飞迁到温室及少数背风向阳、覆盖双膜的越冬蔬菜上，即成虫第四迁移期，以后进入越冬期（图2-2）（戴率善等，2004）。

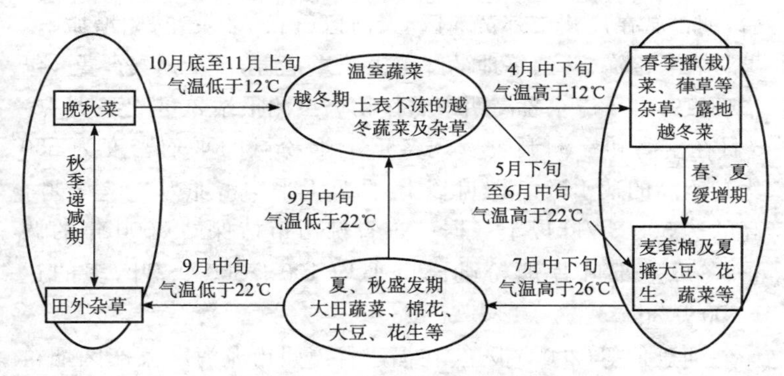

图 2-2　徐州地区烟粉虱田间转移消长规律

（戴率善等，2004）

浙南地区，在大棚等保护地栽培的蔬菜和花卉等作物上度过越冬阶段的烟粉虱是翌年春季的主要虫源。在多数地区，春季保护地作物上的越冬代蛹羽化为成虫后，继续留在保护地作物上生长、繁殖、危害。气温转暖后，一部分烟粉虱通过带虫菜苗的移栽及成虫外迁至露地作物上繁殖、危害，扩展种群。入夏后，保护地作物上的烟粉虱逐步外迁至露地作物上繁殖、危害，直至晚秋在露地作物上的烟粉虱又逐步迁回保护地作物上危害，直至越冬。部分地区的烟粉虱则可终年继代生长、繁殖，其迁移途径与上述情况相同。据调查观察，在露地作物上，烟粉虱1年中的主害期从盛夏一直延续至晚秋；在保护地作物上，其主害期为晚春初夏和晚秋2个季节。

（四）南方地区烟粉虱发生特点

1. 烟粉虱的发生与危害　1996～1997年，广东省相继在珠海、东莞等地菜田发现烟粉虱危害豆类蔬菜。1998年5月开始，东莞横沥镇种植的丝瓜、豆角受害严重，形成点片枯萎。之后，烟粉虱在广州市郊黄埔区、天河区、白云区及花都、增城、番禺、东莞、南海、斗门等地的蔬菜上严重危害，产量损失严重（包华理，1999）。广东省高明市农作物病虫测报站2000年6月2～6日在富湾和三洲调查发现冬瓜上烟粉虱的平均密度为550头/叶，高的达1 000头/叶以上；西瓜上平均密度为200头/叶，高的达500头/叶以上。据广东省佛山市植保站2000年的调查，冬瓜上部叶片烟粉虱成虫平均100～300头/叶，多的达1 500头/叶。

何玉仙等（2003）报道，在福建省漳州市龙海蔬菜产区烟粉虱暴发成灾，对菜用大豆、菜豆、豌豆、番茄等蔬菜作物造成严重危害，如菜用大豆叶上的虫口数量平均为300～500头/叶，最多可达1 600头/叶以上；福州市郊区大棚栽培的番茄、甜椒、黄瓜、茄子等蔬菜作物上的烟粉虱大暴发，诱发的煤污病也十分严重。

云南省元江县于2001年6月首次发现烟粉虱危害茉莉花，靠近江边的33.3公顷茉莉花均受到不同程度的危害，每丛茉莉花上有烟粉虱成虫多达560～1 500头。烟粉虱发生面积占茉莉花种植面积7.14%，使茉莉花产量损失30%以上。

2001年2月份，在海南省文昌、琼山等县市南瓜种植园发现烟粉虱，田间调查发现南瓜受害后叶片呈现银叶病症状，受害果实成熟不均匀或者不能成熟，失去商品价值；同时，受害南瓜常伴有病毒病的发生。在海南省多个南瓜种植园观察到大面积的南瓜呈现银叶病症状，叶片背面有成虫平均 200 头/叶以上，有些达 1 000 头/叶以上，造成严重减产，有些甚至绝收（刘立云等，2002）。

2. 烟粉虱的寄主 在广州地区，烟粉虱的寄主植物有 46 科 123 属 176 种（变种），主要集中在茄科、葫芦科、豆科、十字花科、菊科和大戟科，其中包括蔬菜、果树、花卉、园林植物、经济作物和杂草等（邱宝利等，2001）。

何玉仙等（2003）于 2001～2003 年间对福建省福州、漳州等地农田烟粉虱的寄主和发生情况调查发现，农田烟粉虱寄主植物有 17 科 62 种（变种），其中以蔬菜和农田阔叶杂草为主。

3. 烟粉虱越冬场所 烟粉虱在南方能周年繁殖。

4. 烟粉虱年发生规律 我国南方烟粉虱 1 年可发生 15 代左右，7 月和 10 月是烟粉虱发生危害的两个高峰期。烟粉虱从卵至成虫羽化的发育历期为 16～22 天，平均 18.24 天。从卵至成虫各个龄期的存活率分别为 92.22％、84.52％、87.56％、88.74％、93.36％和 94.20％。烟粉虱孤雌产雄，两性生殖雌雄性比为 1.19∶1。两种生殖方式的后代存活率和发育历期差异不显著。烟粉虱每雌成虫平均产卵 117.37 粒，单雌最高产卵 167 粒、最低 32 粒（邱宝利等，2001）。

2002 年，我国南方地区冬季的冷空气较往年来得早，气温也较低。2002 年 12 月 27 日试验地区的最低温度就下降到了全年的最低温度（5℃），且阴雨绵绵。然而，根据大田观察，烟粉虱成虫和若虫可以在这种寒冷的环境中继续存活。这表明烟粉虱在南方地区露地蔬菜大田内可以安全越冬，从而周年危害。

沈斌斌等于 2002 年 12 月至 2003 年 3 月，对广州地区烟粉虱在不同季节黄瓜上的种群动态及越冬情况进行了调查与分析。结果表明：①烟粉虱在黄瓜上的种群数量与黄瓜生长发育期密切相关。当黄瓜生长处于幼苗期时，烟粉虱发生数量较小，且主要为少量刚迁入的成虫及其产下的卵。随着黄瓜植株的不断生长，烟粉虱的种群逐渐得到积累和发展，至黄瓜生长末期，烟粉虱种群数量达到最大值。②春季，黄瓜植株生长周期较长，烟粉虱种群数量增长比较缓慢，至黄瓜生长末期（5月12日），烟粉虱数量达到最大值，平均每叶有成虫289头。总体上来看，春季烟粉虱危害属于中等水平。③夏季气温很高，烟粉虱种群数量呈指数式增长态势。从6月23日至7月22日近1个月的时间内，烟粉虱成虫数量由平均每叶17.56头猛增至442头，29天内烟粉虱成虫数量增长了25倍多。夏季黄瓜上烟粉虱表现猖獗，危害十分严重，受害黄瓜植株死亡，几乎没有收成。④秋季气温比夏季稍低，烟粉虱种群增长速度仍然比较快，数量较大。由于9月11日开始出现长时间连绵不断的大雨天气，不利于黄瓜的生长，加之烟粉虱密度较大，导致黄瓜植株提早死亡。⑤秋冬季节由于温度大大降低，因而黄瓜生长趋于缓慢，烟粉虱发生数量很少，种群数量增长也十分缓慢，危害轻微。

第三章　烟粉虱的田间调查与预测预报

预测烟粉虱的发生趋势是治理的重要组成部分，是有效防治烟粉虱、减轻危害程度的重要依据，是保证农业生产安全的重要前提。2000年以来，烟粉虱在我国一些省市大量发生，严重影响了蔬菜和棉花等生产，给农业生产和农民造成了巨大损失。通过监测烟粉虱发生动态，及时准确地发出趋势预报，可以达到有效地控制、减轻危害、降低损失的目的。但是目前还没有形成一个统一且成熟的方法体系，因此，本章仅对烟粉虱田间调查方法和发生趋势常规预报方法进行介绍，供烟粉虱的田间调查与预测预报参考。

烟粉虱田间调查一般采用目测法计数田间烟粉虱的虫口密度，具体计数方法是：在发生烟粉虱的寄主作物田，按取样要求，轻轻翻转叶片，计数全叶虫量。虫量大时，计数部分虫量，并按叶面积折算成全叶虫量。此外，还可采用黄板诱测法调查烟粉虱成虫田间发生动态。

一、不同作物烟粉虱田间调查方法及主要内容

受烟粉虱危害严重的农作物主要有棉花和多种蔬菜，由于栽培方式差异较大，调查方法也有些不同。因此，本节将分别对蔬菜和棉花上烟粉虱的田间调查方法进行介绍。

（一）蔬菜烟粉虱田间调查方法及主要内容

1. 系统调查

（1）调查对象　选取越冬大棚、露地（春、秋）三季当地受

害较重的蔬菜田(棚),以掌握烟粉虱全年动态。蔬菜种类选择茄科、葫芦科、豆科等当地种植面积较大的蔬菜作物作为调查对象。

(2)调查方法　从调查对象作物定植或播种出苗后 15 天,或者越冬大棚从 3 月上旬、露地作物从 5 月上旬开始,每 5～10 天调查 1 次。根据烟粉虱发生情况,选择有代表性的大棚蔬菜和露地蔬菜田各 3 块,采用棋盘式或“Z”字形取样,视虫量大小,每块田调查 5～10 个点,每点调查记载 3～4 株。采用目测法,于苗期调查有虫株数、全株成虫数;于成株期调查上、中、下部各 1 片展开叶有虫株数、成虫数,共查 15～30 片叶。同时,将所查叶片摘下带回室内,镜检若虫、伪蛹和卵。具体方法是先在每张叶片不同部位取 3 个 1 厘米^2 的点,然后计数每点若虫数、伪蛹数和卵数,测算出每张叶面积以折算每张叶的若虫数、伪蛹数和卵数,计算统计有虫害株数及平均单叶成虫数、若虫数、伪蛹数、卵数和最高单叶成虫数、若虫数、伪蛹数、卵数。调查结果记入表 3-1。

表 3-1　烟粉虱动态记载表

单位:　　　地点:　　　作物名称:　　　调查人:　　　年　月

<table>
<tr><th rowspan="2">调查日期</th><th>第一点</th><th>第二点</th><th>第三点</th><th>第四点</th><th>第五点</th><th rowspan="2">有虫株率</th><th rowspan="2">百株成虫、若虫、伪蛹和卵量</th><th rowspan="2">平均单叶成虫、若虫、伪蛹和卵量</th><th rowspan="2">最高单叶成虫、若虫、伪蛹和卵量</th><th rowspan="2">备注</th></tr>
<tr><th>成虫、若虫、伪蛹和卵数</th><th>成虫、若虫、伪蛹和卵数</th><th>成虫、若虫、伪蛹和卵数</th><th>成虫、若虫、伪蛹和卵数</th><th>成虫、若虫、伪蛹和卵数</th></tr>
<tr><td></td><td></td><td></td><td></td><td></td><td></td><td></td><td></td><td></td><td></td><td rowspan="2">成虫、若虫、伪蛹和卵数应分表记载</td></tr>
<tr><td></td><td></td><td></td><td></td><td></td><td></td><td></td><td></td><td></td><td></td></tr>
</table>

2. 大田普查

(1)普查时间　越冬季节性大棚蔬菜于大棚揭裙膜前和完全揭膜前各调查 1 次。长年蔬菜大棚、春季菜田、秋季菜田烟粉虱始见期、每个生育期内发生高峰期各普查 1 次。

(2)普查内容　调查当地当季受害严重的寄主作物烟粉虱发生危害情况，相同类型不少于 3 块地(棚)，每次调查共计不少于 10 块或 20 块(棚)。以调查成虫为主，有条件的可以取部分作物叶片带回室内镜检若虫、伪蛹和卵。采用棋盘式或"Z"字形取样，视虫量多少，每块田调查 5～10 个点，每点调查记载 3～4 株，作物苗期取全株，成株期上、中、下部各取 1 片展开叶，共查 15～30 片叶，调查记载有虫株数及叶成虫数、若虫数、伪蛹数和卵数，计算统计有虫害株数及平均单叶成虫数、若虫数、伪蛹数和卵数，最高单叶成虫数、若虫数、伪蛹数和卵数。当调查结束时，将系统调查和大田普查情况进行汇总，并记入表 3-2 及表 3-3。

表 3-2　烟粉虱发生危害大田普查表

单位：　　　　地点：　　　　调查人：　　　　年　月

调查日期(月/日)	作物名称	生育期	有虫株率(%)	平均单叶成虫数(头)	平均单叶卵数(粒)	平均单叶若虫数(头)	平均单叶伪蛹数(头)	最高单叶成虫数(头)	最高单叶卵数(粒)	最高单叶若虫数(头)	最高单叶伪蛹数(头)	备注

表 3-3　烟粉虱汇总表

汇报日期	系统调查				普　查			
	时间	作物	平均叶虫量	最高叶虫量	时间	作物	平均叶虫量	最高叶虫量

(二)棉花烟粉虱田间调查方法及主要内容

1. 系统调查

(1)调查对象　选取越冬大棚蔬菜附近棉田和离大棚蔬菜 20 千米以上的棉田作为定点系统调查对象田。

(2)调查方法　从棉花定植或播种出苗后 15 天开始，每周调查 1 次。根据烟粉虱发生情况，选择有代表性的田块 1～2块，采用对角线 5 点取样，每点调查 3～4 株。采用目测法，于苗期调查有虫株数、全株成虫数；于成株期调查上、中、下部各 2 片展开叶有虫株数、成虫数。同时，将所查叶片摘下带回室内，镜检若虫、伪蛹和卵。具体方法是先在每张叶片不同部位取 3 个 1 厘米^2 的点，然后计数每点若虫数、伪蛹数和卵数，测算出每张叶面积以折算每张叶的若虫数、伪蛹数和卵数，计算统计有虫害株数及平均单叶成虫数、若虫数、伪蛹数、卵数和最高单叶成虫数、若虫数、伪蛹数、卵数。调查结果记入表 3-1。

2. 大田普查

(1)普查时间　在棉花苗期、蕾花期、花铃期等生育时期内烟粉虱发生高峰期各普查 1 次。

(2)普查内容　调查当地棉花当家品种烟粉虱发生危害情况，以调查成虫为主，有条件的可以取部分作物叶片带回室内镜检若虫、伪蛹和卵。按棉花长势一、二、三类型不少于 3 块，每次调查共计不少于 10 块。每块对角线取样 5 点，每点 2 株，作物苗期取全株，成株期上、中、下部各取 2 片展开叶，调查记载有虫株数和叶成虫数、若虫数、伪蛹数、卵数，计算统计有虫害株数及平均单叶成虫数、若虫数、伪蛹数、卵数和最高单叶成虫数、若虫数、伪蛹数、卵数。

(三)调查资料换算方法

杨益众等(2004)调查发现,烟粉虱若虫在棉花植株上、中、下部均有分布。其中,上部(顶部至倒 2 叶)占 32.12%,中部(倒 3 叶至倒 6 叶)占 36.84%,下部(倒 7 叶至底部)占 31.4%,结果说明烟粉虱若虫在棉花植株各部位无明显的聚集现象。但棉株顶端若虫的数量比例相对要大一些,约占 16%,其余各部位占的比例从 8%～13%不等。将棉株 10 个部位上的烟粉虱若虫量(x)与全棉株若虫总量(y)进一步分别进行回归分析,结果见表 3-4。经相关检验,各回归方程的相关系数均为极显著。在生产上,只要对照表 3-4 中的相关方程,调查一定数量棉株相应部位的烟粉虱若虫数量,即能推算出整株烟粉虱若虫的实际发生情况。

表 3-4　棉株不同部位烟粉虱若虫量与全株若虫总量的关系

部　位	回归方程*	相关系数 r	显著水平 p
顶　部	$y=34.531+2.517x$	0.883	0.0030
倒 1 叶	$y=33.387+11.514x$	0.761	0.0049
倒 2 叶	$y=42.558+7.953x$	0.713	0.0056
倒 3 叶	$y=20.088+10.176x$	0.925	0.0023
倒 4 叶	$y=25.922+12.162x$	0.896	0.0028
倒 5 叶	$y=9.386+11.874x$	0.903	0.0027
倒 6 叶	$y=25.490+12.441x$	0.774	0.0047
倒 7 叶	$y=18.960+12.053x$	0.883	0.0030
倒 8 叶	$y=23.405+13.633x$	0.772	0.0047
底　部	$y=29.324+4.044x$	0.858	0.0034

* x 为烟粉虱若虫量;y 为全棉株若虫总量。

二、预测预报

预测预报是害虫防治的重要前提。根据烟粉虱的发生发展规律、主要寄主作物生长期、气象预报等资料，进行全面分析，作出其未来的发生期、发生量、发生程度等方面的估计，给决策部门和广大农民朋友提供参考，以保证农业生产的安全。

预测的种类很多，按预测内容可分为发生期预测、发生量预测、发生程度预测及损失估计；按预测时间长短分为短期预测、中期预测和长期预测。由于烟粉虱发育历期短，世代重叠严重，危害的作物种类多，田间调查难度较大，有关预测预报的研究报道不多。参照其他微型害虫的测报办法，结合现有的研究成果，简要介绍一下烟粉虱预测预报方法，仅供参考。

（一）发生期的预测

目前，应用较为广泛的发生期预测的主要方法有发育进度预测法、期距预测法、有效积温预测法、物候预测法、统计分析法等，其中发育进度预测法又细分为历期预测法、分龄分级预测法、平均发育进度预测法和卵巢发育分级预测法。

以生物学为基础的害虫发生期预测方法比较成熟，短、中期预测的准确性较高。尤其是短期预报，对确定防治适期、防治对象田、指导防治工作起到了重要作用。在害虫发生期预测中，常将某害虫某虫态（期）的发生数量在时间上的分布进度划分为始见期、始盛期、高峰期、盛末期和终见期。通常的标准是：累计发育进度达到16％时为始盛期，达到50％时为高峰期，达到84％时为盛末期。

烟粉虱是一种微小昆虫，成虫体长不超过1毫米，卵和低龄若虫肉眼不能观察到，寄主范围非常广泛，危害作物种类多，发生世代数从北到南6～15代，世代严重重叠。根据烟粉虱的这些特点，预测发生期相对困难。但通过调查烟粉虱的成虫高峰期，结合现有的发育历期研究成果，采用历期预测法，作出卵高峰期或低龄若虫高峰期的短期预测，预测防治适期，指导防治工作是可行的，也是必要的。通过调查烟粉虱主要越冬场所的虫源基数，结合长期天气预报和作物布局情况，做出烟粉虱在主要危害作物上的发生高峰期、季节发生高峰和年发生高峰期也是可行的。现根据烟粉虱的自身特点和进行发生期预测的可行性，介绍历期预测法和有效积温预测法。

1. 历期预测法 所谓历期预测法，就是根据烟粉虱的田间调查情况，确定成虫或高龄若虫(卵和低龄若虫田间调查难度大，不易实行)始盛期、高峰期、盛末期，在此基础上利用现有的历期研究资料，参考当时气候状况等条件，加上这一虫态到所需预测的虫态(防治虫期)这一阶段的发育历期，预测烟粉虱防治虫期始盛期、高峰期、盛末期，以便及时开展防治。邱宝利等(2003)、罗晨等(2006)、周福才等(2007)在试验和自然变温条件下研究的主要寄主上B生物型烟粉虱的发育历期分别列于表3-5、表3-6、表3-7和表3-8，供参考。

表3-5 4种不同蔬菜上烟粉虱各个龄期的发育历期

(邱宝利等，2003)

温度26℃±1℃，RH：75%～90%

寄主植物	发育历期(天)						
	卵	一龄若虫	二龄若虫	三龄若虫	四龄若虫	伪 蛹	卵至成虫
	M±SE	M±SE	M±SE	M±SE	M±SE	M±SE	M±SE
茄子	5.61±0.18d	2.81±0.23b	2.16±0.09c	2.44±0.11	2.32±0.52c	2.30±0.22c	17.45±0.22d
甘蓝	5.81±0.10c	2.70±0.37c	2.72±0.12a	2.97±0.25a	2.45±0.24b	2.46±0.14b	18.79±0.25b
番茄	6.18±0.12b	2.90±0.24a	2.06±0.11d	2.91±0.27b	2.12±0.63d	2.14±0.20d	18.23±0.20c
黄瓜	6.43±0.24a	2.93±0.15a	2.62±0.38b	2.67±0.26c	2.55±0.14a	2.75±0.10a	19.28±0.10a

注：同一列凡具有相同英文字母者，表示在0.05水平上差异不显著，否则差异显著。

表 3-6　B 生物型烟粉虱在 7 种寄主植物上各龄期的发育历期

（罗晨等，2006）

温度 27℃±1℃，RH：75%±7%

寄　主	发育历期（天）					
	卵	一龄若虫	二龄若虫	三龄若虫	伪　蛹	卵至成虫
甘　蓝	6.4±0.5b	2.5±0.3b	1.4±0.4d	2.5±0.8cd	7.0±1.0a	19.8±0.5b
棉　花	6.8±0.4a	2.5±0.3b	2.2±0.3b	2.3±0.3d	6.7±1.3a	20.4±1.5b
一品红	5.9±0.2c	2.8±0.3ab	3.4±0.2a	3.4±0.4ab	6.5±1.8a	22.0±2.1a
黄　瓜	6.1±0.3bc	1.9±0.2c	1.7±0.5cd	3.9±0.5a	3.7±0.5c	17.3±0.5d
西葫芦	5.3±0.1d	2.7±0.1ab	2.0±0.4bc	32.9±0.4bcd	5.2±0.5b	18.1±0.2cd
茄　子	5.3±0.1d	3.0±0.4a	2.1±0.2bc	3.0±0.8bc	4.3±0.8bc	17.6±0.5cd
番　茄	6.1±0.4bc	2.8±0.3ab	2.3±0.2b	2.7±0.3b	4.5±0.4bc	18.3±0.9c

注：表中数字为平均±值标准误，同一列数据后有不同字母表示差异显著（p=0.05）。

表 3-7　两种棉花上烟粉虱的发育历期

（周福才等，2006）

温度 28℃±0.5℃，L：D=14：10，RH=90%

生育期	品　种	发育历期（天）						
		卵	一龄若虫	二龄若虫	三龄若虫	四龄若虫	蛹	卵至蛹期
苗　期	GK22	5.0±0.09	3.4±0.16	3.3±0.13	1.4±0.07	1.5±0.12	2.4±0.08	17.0±0.27
	S3	5.0±0.09*	3.9±0.15*	4.1±0.16*	2.3±0.12*	1.8±0.11	2.7±0.13*	19.8±0.32*
花铃期	GK22	4.6±0.07	3.0±0.12	3.0±0.11	1.4±0.07	1.6±0.09	2.4±0.07	15.9±0.28
	S3	4.9±0.08	3.5±0.14*	3.6±0.13*	2.1±0.11*	2.0±0.11*	2.8±0.12*	18.7±0.24*

注："*"表示经 t 检验在 0.05 水平上差异显著。

表 3-8　大田棉花上烟粉虱的发育历期

（周福才等，2007）

自然变温条件下

品　种	发育历期（天）						
	卵	一龄若虫	二龄若虫	三龄若虫	四龄若虫	蛹	卵至蛹期
GK22	4.1	4.9	3.1	3.8	3.2	3.0	20.0
S3	3.8	5.4	4.6	3.9	4.5	2.7	25.0

注："*"表示经 t 检验在 0.05 水平上差异显著。

由于烟粉虱危害的寄主作物很多,所危害的蔬菜作物种植模式变化大,生态系统不稳定。这里以棉花烟粉虱为例说明烟粉虱预测预报方法:湖北省仙桃市菜棉混栽棉田,2007年5月下旬大棚蔬菜内的烟粉虱逐步向邻近的棉田转移。6月21日(棉花4～5叶期)调查,平均单株成虫量为22头;6月25日调查,平均单叶成虫量为10头,单叶高龄若虫量为21头,单叶低龄若虫量为34头,单叶卵量为51粒。这个时期的高龄若虫基本上都在下部叶片上,高龄若虫虫叶率为46.7%。2007年棉花烟粉虱系统调查情况汇总见表3-9。

表 3-9 仙桃市棉花烟粉虱系统调查汇总

年度:2007年

调查日期(月/日)	卵(粒/叶)	占总虫量比例(%)	低龄若虫(头/叶)	占总虫量比例(%)	高龄若虫(头/叶)	占总虫量比例(%)	成虫(头/叶)	占总虫量比例(%)	总虫量(头/叶)
6/25	51	43.97	34	29.31	21	18.10	10	8.62	116
6/30	162	71.37	22	9.69	26	11.45	17	7.49	227
7/5	194	48.26	90	22.39	85	21.14	33	8.21	402
7/10	223	44.60	109	21.80	113	22.60	55	11.00	500
7/15	209	47.61	98	22.32	85	19.36	47	10.71	439
7/20	291	45.33	209	32.55	102	15.89	40	6.23	642
7/25	313	42.53	177	24.05	191	25.95	55	7.47	736
7/31	164	25.31	303	46.76	148	22.84	33	5.09	648
8/5	158	27.01	273	46.67	125	21.37	29	4.96	585
8/10	252	71.79	42	11.97	20	5.70	37	10.54	351
8/15	212	51.21	100	24.15	81	19.57	21	5.07	414
8/20	194	43.69	192	43.24	40	9.01	18	4.05	444
8/25	105	44.12	86	36.13	38	15.97	9	3.78	238
8/31	40	27.97	79	55.24	18	12.59	6	4.20	143
9/5	55	33.95	49	30.25	50	30.86	8	4.94	162
9/10	58	68.24	13	15.29	7	8.24	7	8.24	85

6月25日，仙桃市棉花田间单叶卵量占总虫量的43.97%，基本上达到卵高峰期，根据周福才等(2007)关于大田棉花上烟粉虱发育历期(表3-8)的研究，那么未来5～7天为烟粉虱低龄若虫高峰期，是施用噻嗪酮和吡丙醚等对若虫和卵具有良好杀灭效果药剂的有利时机。从表3-9可以看出，田间烟粉虱的卵量和总虫量一直很高，基本上是烟粉虱进入棉田10多天后，就不断出现成虫、卵及若虫。根据笔者3年的观察经验，应用历期法确定合适的防治药剂和防治适期是切实可行的；但是用于预测下一代是很难做到的。

2. 有效积温预测法 害虫出现期的迟早、发育速度的快慢以及虫口数量的消长等，均受气温、营养条件等环境因素的综合影响。其中温度对发生期、发生量的影响甚为明显。每种昆虫在生长发育过程中，须从外界摄取一定的热量才能完成其某一阶段的发育，而且昆虫各个发育阶段所需要的总热量是一个常数(有效积温法则)。当测得害虫某一虫期或龄期的发育起点温度和有效积温后，就可根据当地常年的平均气温，结合近期气象预报，利用积温公式，预测害虫发生世代数等。

(1)烟粉虱各虫期发育起点温度和有效积温的测定 根据烟粉虱在不同温度下的发育历期估算烟粉虱发育的温度阈值及热量需要。昆虫发育起点温度与有效积温的计算方法很多，不同的方法计算结果差异较大。这里介绍李典谟等的"直接最优法"计算方法，计算公式为：

$$C=\frac{\sum_{i=1}^{n}T_iD_i^2-\bar{D}\sum_{i=1}^{n}T_iD_i}{\sum_{i=1}^{n}D_i^2-n\bar{D}^2}$$

式中，C为发育温度阈值，T为试验温度，D为发育历期，$\overline{D}=\frac{1}{n}\sum_{i=1}^{n}D_i$。根据发育温度阈值，由 $K_i=D_i(T_i-C)$ 分别求出不同温度下的 K_i，然后运用下列公式求出各虫态和全世代发育所需的热量。

$$\overline{K_i}=\frac{1}{n}\sum_{i=1}^{n}K_i$$

国内外已有很多关于烟粉虱发育与温度关系的研究。但是，由于不同昆虫研究者的出发点不同，研究的温度范围不一，尤其是使用饲料的不同，导致结果存在一定的差异。

邱宝利等（2003）以茄子为烟粉虱的寄主，采用17℃、20℃、23℃、26℃、29℃、32℃、35℃等7个温度梯度，观察并计算出了烟粉虱各虫期的发育起点温度和有效积温（表3-10）；曲鹏等（2005）以茄子为烟粉虱的寄主，采用20℃、23℃、26℃、29℃、32℃等5个温度梯度，观察并计算出了烟粉虱各虫期的发育起点温度和有效积温（表3-11）；金党琴（2004）以甘蓝为烟粉虱的寄主，采用17℃、19℃、22℃、25℃、28℃、31℃、34℃等7个温度梯度，观察并计算出了烟粉虱各虫期的发育起点温度和有效积温（表3-12）。

由于昆虫在变温和恒温条件下的发育速率不一样，如能模拟自然变温环境饲养，测定出的结果将更准确。发育起点温度和有效积温是昆虫的基本生物学特性，受食物、活动环境等很多自然因素和人为因素的影响。虽然这3个研究结果均是在试验条件下得到的，但仍有重要的参考价值。在应用中可结合田间调查加以修正。

表 3-10　B 生物型烟粉虱各个龄期的发育起点温度和有效积温

（邱宝利等，2003）

寄主植物：茄子

项　目	卵	一龄若虫	二龄若虫	三龄若虫	四龄若虫	蛹	卵至成虫
发育起点温度(℃)	12.45	12.48	10.53	12.42	11.08	12.13	12.36
有效积温(℃)	89.96	27.83	48.01	33.59	41.38	22.80	263.81

表 3-11　B 生物型烟粉虱各发育阶段的发育起点温度和有效积温

（曲鹏等，2005）

寄主植物：茄子，温度 26℃±0.2℃，L：D=14：10，RH：60%

项　目	卵	一龄若虫	二龄若虫	三龄若虫	四龄若虫	蛹
发育起点温度(℃)	12.59	12.53	10.43	12.38	12.05	12.23
有效积温(℃)	87.62	28.36	49.25	33.45	42.09	22.96

表 3-12　烟粉虱不同发育阶段的发育起点温度和有效积温

（金党琴，2004）

寄主植物：甘蓝，RH：75%

项　目	卵	一至三龄若虫	伪　蛹	卵至成虫
发育起点温度(℃)	12.32	13.04	11.75	9.09
有效积温(℃)	111.26	91.46	116.16	454.81

（2）有效积温预测法的应用　根据上述的研究结果，我们已经有了烟粉虱各虫态的发育起点温度和有效积温 K 值，根据公式 D=K/(T−C)，就能预测烟粉虱下一虫态的发生期。根据已有的研究成果和田间调查情况，烟粉虱世代重叠严重，进入发生高峰的季节再预测某一虫态的高峰期没有实际意义，但在烟粉虱以保护地内越冬为主的地区，可以通过观察烟粉虱在露地的第一个卵高峰期，再利用有效积温法，预测下一个卵高峰期或成虫高峰期。也可以通过计算常年的有效积温，得到 1 年间烟粉虱在本地的发育

世代数。

据气象部门提供的资料，2007 年仙桃市高于 12.4℃的全年有效积温为 2 674.4℃。由于茄子生育期较长，根据邱宝利等(2003)的研究结果(表 3-10)，B 型烟粉虱在茄子上的各个虫龄生育期的有效积温为 263.81℃。那么，烟粉虱在仙桃市全年露地可发生世代数＝2 674.4/263.81＝10.1，也就是说可能发生 10 代。

(二)发生量的预测

害虫发生量的预测是确定防治地区、防治田块等的重要依据。烟粉虱种群数量消长受多种环境因素的影响，发生量的预测方法研究较少。从复杂的环境因素中找出主导因素，并根据这些因素的动态作为烟粉虱数量预测指标，再结合我们掌握的历年发生情况进行综合分析，作出烟粉虱在某种寄主植物上的发生量的预测。

由于烟粉虱寄主范围广、繁殖能力强，世代重叠严重，种群消长受嗜好寄主布局、气候条件、越冬基数以及作物生育期等多种因素的影响，加之虫体微小，卵和低龄若虫肉眼不易发现，开展田间调查难度大，预测烟粉虱在某一寄主作物或某一时段的发生量难度也很大。目前，烟粉虱发生量主要预测方法有经验预测法和相关预测法。

1. 经验预测法　以湖北省棉花烟粉虱发生趋势预测为例加以说明。

虫情指标：越冬虫源基数量大，棉田始见成虫在 5 月下旬至 6 月初，则有大发生的虫源条件。

气象指标：梅雨正常或偏少，暴雨日数少于正常年份，属于偏旱年份，则有大发生的气象条件。

作物布局指标:菜棉混栽现象严重,大棚蔬菜面积大,则极有利于烟粉虱大发生。

上述条件大多具备,在当年棉花烟粉虱发生严重,7 月中下旬田间达到发生高峰,严重田块棉花产量损失可达 50%。如,2006 年汉川市棉花有 1.47 万公顷不同程度受害,其中 0.2 万公顷棉田减产超过 50%,约 0.67 万公顷棉田新增防治成本平均每公顷 1 500 元。2007 年湖北省武汉市 6 月 19 日进入梅雨季节,7 月 26 日梅雨季节结束,虽然在 5 月底至 6 月上旬棉田始见烟粉虱成虫,但当年棉花烟粉虱危害明显轻于 2006 年,汉川市棉花产量损失在 50%以上的较少。2008 年,湖北省大范围受到冬季冰雪灾害,大棚蔬菜苗期冻害十分严重,自然形成的无虫苗面积大,春夏蔬菜烟粉虱受害明显轻于往年。据武汉市东西湖区调查,农民就春夏蔬菜烟粉虱防治一项至少减少用药 7～10 次。由于蔬菜田防治减少,烟粉虱繁殖积累后,8 月份棉花烟粉虱虫量较高,受 7～8 月份阵雨较多的影响,发生趋势受到一定抑制。

2. 相关预测法 为了揭示烟粉虱种群数量季节性消长规律,提高预测预报水平,虞轶俊等 2006 年 2 月至 2007 年 2 月利用塑料黄板涂抹机油的方法,在浙江省临海城郊蔬菜基地系统地诱测了烟粉虱成虫消长情况。结果表明,烟粉虱种群数量消长呈双峰型曲线变化,并分析了烟粉虱种群消长特性,以及与气象、耕作条件的相关性,建立了 8 种数学预测模型。应用这些模型可提前反映全年 36 个旬期的成虫数量变化动态,进行全年灾变预警以及各旬期的预测预报。经检验,预测吻合度达 60%。

大棚 4 月份烟粉虱成虫数量与全年种群数量存在显著正

相关关系。其相关方程式为：

$$Y=6.8433M4+27.2033(n=4,r=0.9522^{*}) \quad (1)$$

当旬诱量（Tm）与前3旬诱量（T_3）存在极显著相关关系，其相关方程式

大棚系统为：

$$Tm=0.2363T_3+59.9345(n=34,r=0.6509^{*}) \quad (2)$$

露地系统为：

$$Tm=0.2398T_3+45.8086(n=34,r=0.6580^{*}) \quad (3)$$

1月中旬至6月下旬的平均气温（T_1）与其后相隔1个月（即2月中旬至7月下旬）的诱量（M_1）呈显著正相关关系。其相关方程式

大棚系统为：

$$M_1=20.2257T_1-71.4790(n=17,r=0.5959^{*}) \quad (4)$$

露地系统为：

$$M_1=21.8569T_1-189.0611(n=17,r=0.7749^{**}) \quad (5)$$

6月上旬至10月中旬的平均气温（T_2）与其后相隔1个月的7月上旬至11月中旬的诱量（M_2）呈显著负相关关系。其相关方程式

大棚系统为：

$$M_2=925.8473-26.4458T_2(n=14,r=-0.6871^{**}) \quad (6)$$

露地系统为：

$$M_2=978.0892-27.6458T_2(n=14,r=-0.6228^{*}) \quad (7)$$

10月上旬至翌年1月上旬的平均气温（T_3）与其后相隔1个月的11月上旬至翌年2月上旬的诱量（M_3）呈显著正相关关系。其相关方程式

大棚系统为：

$$M_3=19.5606T_3-202.2222(n=10,r=0.8451^{**}) \quad (8)$$

露地系统为：

$$M_3 = 19.3481T_3 - 210.7477 \quad (n=10, r=0.8463^{**}) \tag{9}$$

（三）防治指标

在对害虫发生期、发生量预测的基础上，根据作物的生长状况，进一步研究预测某种作物受害虫危害的敏感时期即危险性生育期是否与害虫的虫量最多、危害期相吻合，从而推断虫害程度的轻重或造成损失的大小，以确定防治对象田和防治次数。

有关烟粉虱防治指标和发生程度分级的研究较少。发生程度通常采用下列分级标准。一级：单叶虫量少于 10 头；二级：单叶虫量 10～30 头；三级：单叶虫量 30～50 头；四级：单叶虫量大于 50 头。

沈斌斌等(2005)研究了烟粉虱在黄瓜上的经济损害水平和经济阈值(表 3-14)。用最小二乘法建立的烟粉虱成虫密度(x)与黄瓜产量损失率(y,%)之间的回归方程式为：

$$y = 0.5404x - 0.6531$$

该模型的决定系数 $R^2 = 0.9968$，说明模型能较好地模拟黄瓜产量损失与烟粉虱密度之间的关系。这里的决定系数又称变异比率，在 Y 的总平方和中由 X 引起的平方和所占的比例，记为 R^2。它与相关系数的区别在于除掉 $|r|=0$ 和 1 情况，由于 $R^2 < R$，可以防止对相关系数所表示的相关作夸张的解释。决定系数的大小决定了相关的密切程度。当 R^2 越接近 1 时，表示相关的方程式参考价值越高；相反，越接近 0 时，表示参考价值降低。

表 3-14　黄瓜上烟粉虱密度及产量损失情况

（沈斌斌等，2005 年）

处理	接入烟粉虱成虫密度（头/株）	1 个月后烟粉虱成虫密度（头/株）	单株黄瓜总产量（千克）	每株黄瓜结瓜条数	单条黄瓜平均重量（千克）	产量损失率（%）
1	0		1.0600	4.4000±0.2449a	0.2409±0.0037a	0
2	40	288.30	0.8466	3.6000±0.2449b	0.2352±0.0090a	20.1321
3	60	329.33	0.7333	3.0000±0.0000bc	0.2444±0.0067a	30.8208
4	80	373.66	0.5967	2.4000±0.2449c	0.2486±0.0076a	43.7075

周芳等（2007）认为，在河北省，蔬菜 10～12 月和 4～5 月烟粉虱消长薄弱环节是防治的关键时期，防治指标暂定为寄主苗期百株虫量 200 头，成株期 500 头。

美国为了适时、经济地防治棉花烟粉虱，在没有施用其他杀虫剂时取样确定第一次施用昆虫生长调节剂的阈值，从第五主茎叶（从棉株顶部第一片完全叶数起）上取样，平均每个取样圆面内有 0.5～1 头若虫、每片叶至少有 3～5 头成虫就是第一次施用昆虫生长调节剂的阈值。从第五主茎叶上取成虫样，平均每片叶上有 5 头成虫时，就应该施用杀虫剂。这可以作为我国确定防治指标的参考。

第四章　烟粉虱综合防治

一、植物检疫

植物检疫，是一个国家或一个国家的地方政府利用法律的力量，禁止或限制危险病、虫、杂草人为地从国外传入本国和从本国传到国外，或传入以后限制病、虫、杂草在国内继续传播的一种措施。

植物检疫是关系到一个国家或一个地区农业生产健康发展的重要措施。一个国家或某一地区为了保护自己的农业生产不受外来有害生物的侵害，必须做好植物检疫这一环节。

自然情况下，害虫的分布具有区域性，在各地分布的种类、发生时间也不同。原产地的一些害虫由于天敌、植物抗虫性及一些行之有效的农业防治措施的控制，其发生和危害不能引起当地人的重视。这种害虫一旦有机会进入新的环境，没有天敌的控制，没有那些限制其生长发育和生殖的各种因素，往往会引起严重危害，防治起来也很困难。如传入我国的棉红铃虫，就给我国的棉花产业造成了严重的危害。

20 世纪 80 年代以前，烟粉虱是美国、苏联、埃及、印度、巴西和土耳其等国家棉花上的主要害虫。但是，随着人为的迁移及花卉的调运，在也门的西瓜、墨西哥的番茄、印度的豆类、日本的花卉等作物上也发现了烟粉虱。1981 年，美国加利福尼亚州英皮里尔河谷的棉花就因烟粉虱危害，损失近 400 万美元。

在我国，最早记录烟粉虱是在1949年，主要分布在台湾、云南和湖北。很长一段时间，烟粉虱并不属于我国主要的经济害虫，但是近几年，烟粉虱相继在我国东部一些地区暴发成灾。研究人员认为，烟粉虱能够成功入侵一个地区，与烟粉虱新生物型的出现有关。B型烟粉虱是目前世界上100种最危险的入侵生物之一。它比过去泛指的烟粉虱（A型烟粉虱）寄主范围更广，取食量更高，分泌蜜露更多。借助花卉的调运等农产品贸易及人为的迁移，烟粉虱在全球范围内大量发生。

目前，虽说烟粉虱在我国已经大范围地发生，但对于那些烟粉虱发生量少或者其他危害性较强的烟粉虱生物型如Q型烟粉虱还没有入侵的地区，应对调入、调出的蔬菜、花卉植物及其包装材料进行严格检疫，控制Q型、B型等危险性生物型烟粉虱的进一步传播和扩散。

二、农业防治

农业防治是通过结合整个农事操作过程，充分利用害虫、作物和环境因素三者之间的关系，有目的地创造有利于农作物和有益生物生长发育而不利于害虫发生的农田生态环境，从而避免或抑制害虫发育繁殖而保证农作物安全生产的害虫防治方法。农业防治是从农业生态系统的总体观点出发的，更能体现“预防为主，综合防治”的植保方针。

农业防治有其本身的特点，即：可以降低虫源基数，从而降低害虫防治成本；农业防治只是改变其耕作方式，应用创新的耕作技术，不会对害虫天敌造成危害；不会有害虫对农药产生抗药性，对环境起到了保护作用。但是采用农业防治也有其弊端，诸如与丰产耕作相抵触，见效较慢，易受地区、劳动力和季节的限制等，这些不足导致了人们对农业防治优点的忽略。随着人们物质生活水平的日益提高，以及对无公害食品的迫切需求，农业防治的优点逐渐受到人们的关注。

烟粉虱的农业防治大体上可分为以下几种方式：轮作，调整播种期，作物残株处理及田园清洁，培育无虫苗与抗性品种选择，栽培措施等。

(一)轮　作

轮作是用地养地相结合的一种生物学措施，有利于均衡利用土壤养分和防治病、虫、草害；能有效地改善土壤的理化性状，调节土壤肥力。对寄主范围狭窄、食性单一的有害生物，轮作可恶化其营养条件和生存环境，或切断其生命活动过程的某一环节。

现在发生较普遍、严重的B型烟粉虱，喜欢在叶片肥大、宽厚、营养丰富、叶片背面茸毛较多的作物上取食危害，嗜食茄子、黄瓜、番茄等瓜茄类和大豆、棉花；但较排斥叶片光滑、无茸毛的植物，如芹菜、生菜、菠菜、韭菜等。烟粉虱在不喜食寄主植物上的生长发育和种群增长量非常缓慢。因此，可在冬季保护地内和大棚虫源田附近栽培烟粉虱不喜食的蔬菜品种，棉花等烟粉虱嗜食的作物应远离越冬虫源地；也应避免黄瓜、番茄、西葫芦混栽；提倡将烟粉虱嗜食的寄主作物与芹菜、葱、蒜等烟粉虱不喜食的作物轮作，从越冬环节、扩散环节等切断烟粉虱自然生活史，降低烟粉虱田间种群数量，减轻对蔬菜和棉花的危害。

(二)调整播种期

适当地调整农作物的播种期，是防治烟粉虱的一个重要环节。优点在于防止大范围同一时期种植的多种或某种作物被害虫危害,进一步防止烟粉虱及其所携带的病毒在作物间连续大面积的发生。对于1年生的作物,尤其是生长季节短的作物,通过调整作物的播种期,可减轻危害。

通过调整播种期降低烟粉虱危害在国外有一些成功的例子。例如,在墨西哥,棉农就是通过调整播种期,在早春利用地膜覆盖提高土壤温度播种棉花,显著地降低了烟粉虱的危害,甚至有些地区的棉农,为了避免烟粉虱的危害,宁愿在低温的12月份种植棉花。又如,在美国西南部的亚利桑那州的蔬菜地,调整播种期或者移栽期不但可以有效地控制烟粉虱的直接危害,而且还成功地降低了病毒病的侵染。此外,印度的茄子、烟草,埃及的番茄、大豆等,都通过改变播种时间来避免烟粉虱的危害。

(三)作物残株处理及田园清洁

作物的枯枝、落叶、落果以及遗枝等残体中往往会潜伏着各种有害生物,而且这些残留物还为害虫等提供了良好的越冬场所,增加了翌年的虫口基数。老龄若虫多分布在下部叶片,因此结合整枝打杈等农事活动,及时地清除大棚室内、田地中的作物老叶病枝;作物收获后及时处理前茬作物的残枝落叶,集中深埋或烧毁,做好田园清洁工作;铲除田边、沟边、路边杂草,或喷施除草剂,减少烟粉虱田间寄主。这些,均是降低烟粉虱虫口基数、有效控制烟粉虱十分必要的防治手段,是烟粉虱综合防治的一个重要环节。

据报道,在哥斯达黎加的一块番茄田中,新老作物混种,由于老田中的带毒烟粉虱传播,位于老田或是全部感病田边的新田内烟粉虱传播的番茄黄斑病危害加重,且发生速度快。

烟粉虱的寄主范围很广，不仅取食蔬菜、花卉，甚至一些杂草也是其很好的寄主植物。烟粉虱对于作物的危害，除了取食汁液，更重要的是可以传播多种病毒，造成植物病毒病流行。在一些地区，Q 型烟粉虱能够成功取代 B 型烟粉虱，就是因为 Q 型烟粉虱在这一地区杂草上的生存能力更强，有时杂草在保持毒力方面扮演着重要的角色，是病毒初流行的重要发源地。因此，清洁田园的杂草有助于减少媒介昆虫的选择寄主，并可以降低潜在的病毒感染概率。

例如，在以色列的约旦河谷有两种杂草被鉴定为番茄黄化曲叶病毒病原的源头（Cohen et al.，1988）。一种多年生的杂草是番茄黄化曲叶病毒（TYLCV）越冬的自然寄主，翌年夏季为烟粉虱迁移提供场所，通过在 6～7 月份烟粉虱迁移高峰期到达前清除杂草，从而有效地控制了 TYLCV 在这一地区的扩散蔓延。

（四）培育无虫苗与抗性品种选择

1. 培育无虫苗 在我国北方，烟粉虱具有在保护地越冬的习性。在保护地秋冬茬种植烟粉虱不喜好的耐寒性蔬菜，如芹菜、生菜等，从越冬环节干扰烟粉虱的生活史。冬春季在加温苗房避免混栽，清除残株、杂草，并烟熏残存的成虫；培育无虫苗，严防将有虫苗带入大棚定植，从而降低越冬虫口基数，以有利于翌年烟粉虱的防治。

2. 选育抗虫品种 品种的抗虫性能，是由于品种本身有形态或组织学上的特性，生物化学特性或物候学特性，使害虫表现不选择性，对害虫产生抗性以及植物本身受害后产生保护性反应而表现出耐害性。

利用作物对各种病虫害的综合抗性已经成为国际上作物

抗(病)虫育种的主要特点。因为单项抗性的研究育成的品种只能抵抗某种病害的少数生理型(病菌种以下的类型)或是某种害虫的少数生物型,这种抗性并不稳定,随地域环境的改变而受影响。综合抗性能够同时抗多种病虫害及一种病害的多种生理型,而且受地域环境的影响也会很小。

选育抗烟粉虱或者耐烟粉虱间接危害的作物品种,是烟粉虱综合防治、避免作物受烟粉虱传毒诱发植株畸形生长的重要环节。目前,鉴定评估分离抗烟粉虱的种质的技术已经广泛地应用于筛选现有品种和种质资源。评估筛选的标准包括:植物耐烟粉虱危害的程度,取食和产卵的选择,对烟粉虱有无不良影响,对病毒病和植物不规则现象的反应程度等。寄主本身的参数包括:植物基本状况,生长,产量,质量,蜜露的黏稠程度,真菌的生长程度,植物病害发生程度,不规则程度,以及叶片刚毛密度、长度、厚度、维管束深度和蜡质层厚度等。

一般认为,抗烟粉虱的棉花品种,其叶片背面的刚毛密度低,叶片形状呈秋黄葵叶片状;另外,叶片红色、结铃早、叶片较厚也是抗烟粉虱的性状。也有些研究发现,叶片厚度与维管束深度呈正相关,叶片上烟粉虱的数量与上皮叶组织至韧皮部的距离呈负相关,与中皮层的厚度呈正相关。棉花结铃早的品种可以避免在生长后期遭受高密度烟粉虱的危害。美国得克萨斯农业试验站于 2001 年成功地选育出一个抗烟粉虱并具有优良性能的棉花品种 Texas 121。该品种产量高,成熟早,纤维质量高。研究发现,双倍体的野生棉花也抗烟粉虱。

在多种蔬菜上,作物叶片上的茸毛和刚毛的密度与烟粉虱的发生密度成正比。叶片光滑的叶片上烟粉虱发生密度低，危害较轻，如番茄和甜瓜等。但是许多叶片光滑，无毛或少毛的甜瓜产量低、品质差，不能达到市场销售的要求。在大豆、苜蓿、花生等作物上，叶片上毛的密度是影响烟粉虱产卵的重要因素。目前，已筛选出抗烟粉虱的苜蓿和大豆品种。

（五）栽培措施

1. 土地休耕期 烟粉虱发生严重时，可以通过土地休耕期消灭其寄主，降低害虫虫口基数，以抑制害虫的发生危害。国外有利用土地休耕期防治烟粉虱成功的例子。例如，多米尼加共和国曾因烟粉虱传播的番茄黄化曲叶病使该国番茄加工业受到毁灭性打击，为此政府出台一系列法令，在主要生产季节到来前禁止种植烟粉虱的寄主作物 90 天，加之耐病品种的合理布局等措施，使当地的番茄加工业起死回生。

2. 间作 间作是在同一块田里，两种或者两种以上作物在空间上相邻种植。在烟粉虱的防治中，可以利用作物间的相互关系种植一些作物或为天敌提供休息场所，或控制害虫寻找寄主的行为，以便更好地达到控制害虫的目的。

Natwick 等利用瓜类、大豆和南瓜是烟粉虱的喜好寄主，选择瓜类蔬菜作为引诱田，诱杀烟粉虱。在约旦，用黄瓜作诱集田，保护番茄地。与番茄相比较，烟粉虱更喜好黄瓜，但黄瓜不是番茄黄化曲叶病毒的寄主。番茄与黄瓜间作，可有效地减少番茄上番茄黄化曲叶病毒的发病率。此外，玉米、豇豆、花生与木薯间作，杂草、甜瓜与棉花间作，绿豆、南瓜等与番茄间作，茄子与豆类作物间作等也有利于烟粉虱的防治。

利用间作防治烟粉虱时，间作的作物种类选择是非常重要的，否则可能适得其反，如番茄与茄子间作，番茄上的烟粉虱比单种时还要多，此时的茄子诱集田成了虫源地。

3. 合理施肥 合理施肥在害虫防治中起着重要的作用。合理施肥可以改善植株的营养条件，提高其抗害能力；合理施肥能促进植物生长发育，加速虫伤组织的愈合，避开害虫危害的盛期；合理施肥还可以改善土壤的理化性质。

氮肥施用太多，不利于烟粉虱的防治。Bentz 等(1995)发现，在温室内含氮量高的一品红，烟粉虱数量高，产卵量也多，若虫发育至成虫的数量也多。他还发现，用高浓度的肥料处理菊花，烟粉虱的卵和成虫的量会增加。有些研究表明，棉花田的氮肥用量越高，烟粉虱成虫和蛹的虫口密度越高，同时分泌的蜜露也随之增加。

4. 科学灌溉 干旱少雨，植物叶表面温度高、水分少，营养成分的浓度相应升高，有利于烟粉虱的发生。因此，科学灌溉也是防治烟粉虱的措施之一。有试验表明，通过调节棉花的灌溉或浇水量，对烟粉虱的种群密度起到很明显的作用。在棉田，保持棉花叶片适宜的含水量很重要，不能过多或过少，每周浇 1 次水较为合适，叶片上的烟粉虱明显少于每周浇 2 次水的。在极度缺水的棉株上，烟粉虱的产卵量是水分充足棉株的 2 倍。但极度缺水不利于棉花生长。每周浇 1 次水的棉田，花蕾量提高了 8%，棉絮上蜜露的含糖量降低了 46%，棉花纤维质量也得到了提高。

三、生物防治

生物防治是利用生物或它的代谢产物来控制有害动植物种群或减轻其危害程度的方法，一般包括天敌昆虫、病原微生物、其他有益生物及昆虫激素的利用。我国是从 20 世纪 30 年代开始研究农业害虫生物防治的，目前生物防治已经成为我国病虫害防治的重要措施之一。

全球每年因烟粉虱造成的经济损失高达数亿美元(White 和 Calif, 1998),如何在生态安全条件下进行植物保护,实现农业可持续发展,是21世纪所关注的重要问题。在烟粉虱的综合防治中,生物防治是十分重要的手段。由于生物防治对人畜安全,可以长期抑制害虫,而且能保护生态环境,不会引起"3R"问题,即残留(Residue)、抗性(Resistance)及害虫再猖獗(Resurgence),为烟粉虱的防治提供了新的途径。烟粉虱的生物防治主要以天敌来控制其危害,各国学者对烟粉虱天敌的研究和应用已经做了许多工作,并且在生产实践中取得了一定成效。

(一)天敌及其应用技术

烟粉虱的天敌资源丰富,主要包括捕食性天敌和寄生性天敌。在过去数十年中,许多国家开展了大量的天敌引进工作来对烟粉虱进行生物防治,许多种类的天敌都表现出了较强的控害潜能。如何合理利用天敌的控害潜能充分发挥天敌的作用,是生物防治成败的关键。

1. 捕食性天敌 烟粉虱的捕食性天敌种类很多,包括节肢动物的9个目31个科,目前已报道的约有114种,主要是鞘翅目、脉翅目、半翅目昆虫及捕食螨类,其中瓢虫24种、捕食蝽25种、草蛉14种、捕食螨17种(Gerling et al., 2001)。虽然烟粉虱的天敌种类较多,但真正用于研究应用的只有少数几个种类。

(1)瓢虫类 瓢虫是烟粉虱的重要天敌,主要包括小黑瓢虫[*Delphastus catalinae*(Horn)]、刀角瓢虫(*Serangium japonicum* Chapin)、陡胸瓢虫(*Nephaspis oculatus* Blatchley)

和淡色斧瓢虫(*Axinoscymnus cardilobus*)等。

①小黑瓢虫：属于鞘翅目(Coleoptera)，瓢甲科(Coccielidae)，小艳瓢甲亚科(Stichdodinae)，刀角瓢虫族(Serangiini)，Delphastus 属。原产于北美洲，为粉虱的专食性捕食者，是近年来国外发现的一种控制粉虱类害虫的新的优势种天敌，广泛分布于美国中部、南部及秘鲁，可取食多种粉虱。在温度28℃时，小黑瓢虫从卵发育为成虫需要21天，雌成虫寿命为60.5天，雄成虫寿命为44.8天，常在粉虱种群数量很大时取食，且一般在植物顶部粉虱卵密度高的部位取食、产卵，平均每天产卵3粒，整个生育期平均产卵183.2粒，最高可达285粒。小黑瓢虫的幼虫和成虫可以取食粉虱的各个虫态，一般粉虱卵是其最喜欢捕食的对象。取食量随猎物虫态和龄期的增加而减少。据统计，一头小黑瓢虫在幼虫期可取食粉虱卵977.5粒，一生可取食粉虱卵约10 000粒或四龄若虫约700头。取食时间随猎物虫期的增加而增加，小黑瓢虫成虫取食1粒粉虱卵的时间约为31.3秒，取食1头四龄若虫的时间约为377.7秒。烟粉虱的寄主植物对小黑瓢虫的取食有影响，从而影响小黑瓢虫的发育、死亡率和繁殖率。根据小黑瓢虫取食的选择性试验发现，小黑瓢虫喜欢在观赏植物一品红、木槿和十字花科的羽衣甘蓝上取食，而不喜在茄科作物番茄、茄子上取食。寄主植物的表面结构，特别是叶片表面的叶毛稠密，可能会阻碍小黑瓢虫的取食。因此，在利用小黑瓢虫防治烟粉虱时，应尽量选择小黑瓢虫较喜欢的寄主植物，并且选择寄主植物叶片较为光滑的，以达到最佳防效。在美国加利福尼亚州等地已成功地应用于控制棉花和观赏植物一品红上的烟粉虱，并已被欧洲和我国引入。我国大陆在1996年引入小黑瓢虫，此后1999年又引进我国台湾。

②刀角瓢虫:也隶属于鞘翅目,瓢甲科,小艳瓢甲亚科,刀角瓢虫族。是我国重要的烟粉虱本地种捕食性天敌资源,在浙江、福建、台湾、四川、广东等地均有分布。另发现在日本也有分布。在温度 20℃～25℃时,刀角瓢虫从卵发育为成虫的时间需 19.5～24.5 天,平均历期 21.5 天。常温下,雌成虫平均寿命比雄成虫长。雌成虫平均寿命为 63.6 天,最长可达 95 天;雄成虫平均寿命为 51.6 天,最长可达 71 天。一头雌成虫每天产卵量一般为 6～8 粒,一生总产卵量平均为 136.8 粒,最高可达 257 粒,前半期产卵量大于后半期,产卵高峰在雌成虫的寿命中期。刀角瓢虫的成虫及幼虫均可捕食烟粉虱的各种虫态。一头刀角瓢虫一生捕食烟粉虱未成熟虫态(卵和若虫)的数量可达 4 909.9 粒(头)。各龄幼虫对烟粉虱卵的捕食量随瓢虫龄期的增加而增大,一般三至四龄虫对烟粉虱具有较强的控制力,捕食量为 187.13～253.13 粒/天。刀角瓢虫成虫对烟粉虱捕食量随烟粉虱虫态及虫龄的增大而减少。雌成虫捕食量大于雄成虫,因此对烟粉虱的控制作用大于雄成虫。

③陡胸瓢虫:隶属于鞘翅目,瓢甲科,小毛瓢甲亚科(Scymninae),小毛瓢虫族(Scymnini)。在温度 26.7℃时,陡胸瓢虫从卵发育为成虫,雌虫历期约 19.4 天,雄虫约 18.3 天。雌、雄成虫的寿命分别为 67.5 天和 56.1 天。据统计,雌成虫在产卵前期(约 13 天)每天可以产卵 3 粒,一生的产卵量平均为 229.1 粒,其幼虫在一龄、二龄、三龄、四龄期取食烟粉虱卵的量分别为 16 粒、68 粒、128 粒、124 粒。雌、雄成虫捕食烟粉虱卵的量分别为 78 粒/天和 123 粒/天。

④淡色斧瓢虫:最早报道于 1992 年。隶属于鞘翅目,瓢甲科。目前,广泛分布于我国华南地区,常见于广东省广州、

中山、肇庆等地的一些植物上，如变叶木、一品红、扶桑、野莴苣等，常可在烟粉虱种群密度较高的寄主植物上发现淡色斧瓢虫正在捕食。其幼虫一般在植物的中部叶片上，而成虫则在烟粉虱卵密度较高的寄主植物嫩梢上，蛹则多分布在中下部叶片上。在温度 25℃养虫室内，以烟粉虱为食料，淡色斧瓢虫卵期平均为 4 天，从幼虫发育为成虫历期平均为 16.27 天。成虫寿命平均为 64.5 天，最高可达 82 天。每头雌成虫一生产卵量平均为 95.6 粒。淡色斧瓢虫是烟粉虱的有效天敌，可以捕食烟粉虱的卵、若虫、蛹及成虫等各个虫态。据统计，其一至四龄幼虫对烟粉虱卵的捕食量分别为 82 粒、177 粒、311 粒、576 粒，其整个幼虫期对烟粉虱卵、一至四龄若虫和蛹的平均捕食总量分别为 1 147.1 粒、760.6 头、445.2 头、285.4 头、157.9 头和 81.6 头，其成虫对烟粉虱上述对象的平均捕食总量分别为 140.3 粒、61 头、34.7 头、26.4 头、9.8 头和 6.7 头。可见淡色斧瓢虫在幼虫期对烟粉虱卵的捕食量较大。

(2)蝽类　研究应用较多的有东亚小花蝽(*Orius sauteri*)、中华微刺盲蝽(*Campylomma chinensis* Suhch)、长蝽(*Geocoris punctipes* Say)、盲蝽(*Macrolophus caliginosus* Wagner)。

东亚小花蝽属于半翅目(Hemiptera)，花蝽科(Anthocoridae)，花蝽亚科，小花蝽属。目前在我国辽宁、北京、天津、河北、山西、湖北、四川等地的部分地区有分布。可捕食粉虱、蚜虫、蓟马、叶螨等害虫，是果园、林木、温室及农田的多食性捕食性天敌。东亚小花蝽从卵发育为成虫一般需 18～28 天，一年发生 5～8 代。成虫寿命在夏季为 21～29 天，冬季为 120～150天。它在黄瓜上数量增长最快，产卵期平均 14.8

天，最高达 18 天，产卵量平均为 69 粒，最多可达 127 粒，卵多集中在新生嫩梢茎、叶和侧茎相交处。东亚小花蝽觅食活动能力很强，一至二龄若虫捕食量很少，三龄若虫开始捕食量明显增大。在我国已成功进行大量的繁育和应用，是一类比较有研究和利用价值的天敌。

中华微刺盲蝽隶属于半翅目，显角亚目（Gymnocerata），盲蝽科。在我国福建省和香港特区被发现，是近年我国发现的新记录的天敌昆虫，在我国记录的有 5 种，分布在广东、广西、福建和台湾等地。研究表明，该盲蝽是茄子、黄瓜、节瓜、四季豆、龙眼、大豆等作物害虫的重要捕食性天敌，可捕食粉虱、蓟马、蚜虫及螨类，其对茄子上的烟粉虱具有重要的控制作用。成虫取食量大于若虫。低龄若虫常为植食性，吸食植物的汁液，对作物能造成一定的危害。高龄若虫和成虫为捕食性，捕食害虫卵、幼虫和成虫，其四至五龄若虫和成虫的捕食量随猎物密度的增加而增大。中华微刺盲蝽是一类需要深入研究和开发利用的天敌资源。

此外，还有报道长蝽和盲蝽能够捕食烟粉虱的卵、若虫和成虫，喜食卵。在欧洲，盲蝽已被大量应用于防治烟粉虱和温室白粉虱。

（3）捕食螨类　捕食螨是烟粉虱捕食性天敌中较有潜力的一类。属于蛛形纲（Arschnida），蜱螨亚纲（Acari），寄螨目（Parasitiformes），植绥螨科（Phytoseiidae）。国外研究较多。在所有捕食螨中，常见的有钝绥螨属（*Amblyseius*）、植绥螨属（*Phytoseius*）、小植绥螨属（*Phytosiulus*）、盲走螨属（*Typhlodromus*）和真绥螨属（*Euseius*）。其中，植绥螨属的胡瓜钝绥螨（*Amblyseius cucumersis*）是烟粉虱天敌中的常见种，是目前国际上各天敌公司的主要产品，作为商品销售已经有 10 多年的历史，主要在温室黄瓜和辣椒的苗期释放，用来预防和控制各种粉虱和蓟马的大量发生和暴发危害。除此之外，国外研究比较多的还有捕食螨 *E. tularensis*、*E. scutalis*、*E. swirskii*、*E. hibisci* 等。研究表明，捕食螨 *E. tularensis* 可捕食烟粉虱若虫，捕食螨 *E. scutalis* 和 *E. swirskii* 可以捕食烟粉虱所有未发育成熟的虫态。捕食螨可以压低烟粉虱的种群数量，但不能将其完全消灭。捕食螨的产卵率和捕食率一般随着虫龄的增大而降低，对烟粉虱的攻击程度也降低，其中烟粉虱的卵和若虫最容易被攻击，蛹则受攻击的程度最小。

(4)其他捕食性天敌　烟粉虱的捕食性天敌除了上述种类外，常见的还有草蛉类、粉蛉类和螳螂类等。

①草蛉：栖居在农林草丛中，属于中型捕食性昆虫，能捕食粉虱，也捕食蚜虫。我国常见的草蛉种类有大草蛉（*Chrysopa septempunctata* Wesmael）、中华草蛉（*Chrysopa sinica* Tjeder）和丽草蛉（*Chrysopa formosa* Brauer）等。在控制粉虱方面，中华草蛉是目前我国研究利用比较成功的一种，取得了良好的效果。中华草蛉隶属于脉翅目（Neuroptera），草蛉科（Chrysopidae）。是农田常见天敌昆虫，对温度适应范围广、耐高温、食性广，可以捕食蚜虫、粉虱、叶螨以及一些鳞翅目害虫，自然种群大，抗逆性强，世代历期短，易于饲养和繁殖，在害虫生物治理上具有重要利用价值。中华草蛉在我国大部分地区均有分布，包括黑龙江、吉林、辽宁、北京、河北、山东、山西、陕西、河南、四川、湖北、湖南、江西、上海、江苏、安徽、广东和云南等地。一般在室内饲养时，中华草蛉成虫寿命为30～50天，每雌一生产卵800～1 000粒。据北京市农林科学院植保环保所等单位研究结果，一头中华草蛉在整个幼虫期可捕食172.6头粉虱，具有较强的捕食能力。

②粉蛉(Coniopterygids):属于脉翅目,粉蛉科(Coniopterygidae)。常见于果园和林木上,能捕食蚜虫、红蜘蛛、粉虱和介壳虫等。在我国常见的有中华啮粉蛉(*Conwentzia sinica* Yang)和彩角异粉蛉[*Heteroconis picticornis* (Banks)]。

③螳螂(Mantis):隶属于螳螂目(Mantodea)。是大型捕食性昆虫,可以捕食果树、林木、花卉和蔬菜上的鞘翅目、鳞翅目、直翅目、双翅目、同翅目等各种昆虫。螳螂的若虫和成虫捕食范围广泛,是生物防治中的重要天敌昆虫。

在烟粉虱的捕食性天敌中,目前小黑瓢虫(*D. catalinae*)、草蛉(*C. rufilabris* 和 *C. carnea*)、盲蝽(*M. caliginosus*)已进入商品化或规模化生产。由于小黑瓢虫偏食粉虱卵和繁殖需要高猎物密度,因而售价较高。以每株释放 25～50 头草蛉(*C. rufilabris*)幼虫防治温室内扶桑上的烟粉虱,每隔 2 周释放 1 次,可有效地控制烟粉虱的危害。

2. 寄生性天敌 烟粉虱的寄生性天敌主要是一些膜翅目的寄生蜂。据不完全统计,在世界范围内,烟粉虱有 50 多种寄生蜂,主要有恩蚜小蜂属(*Encarsia*)35 种、桨角蚜小蜂属(*Eretmocerus*)15 种、棒小蜂属(*Signiphora*)2 种、阔柄跳小蜂属(*Metaphycus*)1 种、埃宓小蜂属(*Amitus*)3 种。我国初步调查文献记载的有 20 种,包括 15 种恩蚜小蜂和 5 种桨角蚜小蜂。

(1)恩蚜小蜂属 恩蚜小蜂雌虫和雄虫主要寄生寄主的二至四龄若虫,均可在粉虱或介壳虫上完成发育,通常从四龄若虫死体中羽化而出;但雄虫还可以寄生于鳞翅目及其他昆虫的卵内。目前已被描述的恩蚜小蜂属包括 200 多个种,其中粉虱丽蚜小蜂(*Encarsia formosa* Gahan)是温室白粉虱的专性寄生天敌,是防治烟粉虱最重要的种。另外,浅黄恩蚜小蜂

(*Encarsia sophia*)和双斑恩蚜小蜂(*Encarsia bimaculata*)也是烟粉虱的重要寄生蜂。

①丽蚜小蜂：属于膜翅目(Hymenoptera)，蚜小蜂科(Aphelinidae)，恩蚜小蜂属(*Encarsia*)。以雌虫行孤雌生殖繁殖，能在粉虱任何龄期幼虫上产卵并寄生，尤其喜欢产卵于三至四龄幼虫体内。在适宜条件下，雌成虫每天最高能产卵10粒左右，一生产卵量最高可达196粒，可以存活1个月以上。丽蚜小蜂的寿命随着温度的升高而减少，20℃时的寿命最长，其产卵和取食的时间可达52天。成虫取食粉虱寄主的蜜露或以产卵器穿刺粉虱若虫并吸食血淋巴获取营养和能量，从而杀死寄主，称为寄主取食。每只拟寄生蜂成虫在平均约37天的生活期内，可通过寄主取食杀死约100头寄主。主要分布在热带和亚热带地区，被广泛用于温室作物上粉虱的生物防治。20世纪20年代，英国人率先研究并利用丽蚜小蜂防治温室白粉虱取得较好效果，由此人们开始认识到丽蚜小蜂在害虫防治方面的价值，许多国家开始引进并研究应用。我国对丽蚜小蜂的研究起步较晚。1978年，中国农业科学院生物防治研究所从英国引进丽蚜小蜂，开始了丽蚜小蜂生物学、生态学及应用技术的系统研究，并在北京、河北和黑龙江等地推广及应用示范，获得显著成效。由于丽蚜小蜂能成功地防治温室白粉虱，所以国内外学者对丽蚜小蜂已做了不少研究与报道，有关成蜂和幼虫的生物学特性、该蜂与粉虱相互作用的种群动态及温室中商业应用的情况等已有综合论述。Hoddle等(1998)综述了丽蚜小蜂成虫和幼虫的生物学特性，与粉虱相互作用时的种群动态及在温室中的商业应用情况。Enkegaard(1993)研究了不同温度下丽蚜小蜂对烟粉虱的控制潜能，并认为在16℃～28℃范围内利用该蜂控制烟粉虱是

可行的。Abd-Rabou(1998)研究了释放丽蚜小蜂对烟粉虱的控制作用,结果表明寄生率可达83%,取得了良好的控制效果。Hoddle和Driesche(1999)以一品红为寄主植物,评价了大量释放丽蚜小蜂和桨角蚜小蜂(*Eretmocerus eremicus*)控制烟粉虱的潜能后认为,丽蚜小蜂不能有效地控制一品红上的烟粉虱。De Barro等(2000)报道了丽蚜小蜂等5种寄生蜂对烟粉虱的控制作用,并探讨了寄主植物对寄生蜂行为的影响。目前,丽蚜小蜂在国内已经商品化,对丽蚜小蜂的应用已有较好的经验,如北京市农林科学院植保环保所在温室内利用丽蚜小蜂防治番茄和黄瓜上的烟粉虱,取得了很好的稳定的效果。

②浅黄恩蚜小蜂:属于膜翅目,恩蚜小蜂属。起源于印度。是一种应用前景不错的烟粉虱寄生蜂。1926年,由Timberlake首次发现。它是印度棉花、茄子、烟草、木薯和甘薯等作物田里常见的寄生蜂。其生殖类型属于单主寄生,产雄孤雌生殖,雌雄异律发育,自复寄生。雌性卵产于未被寄生过的粉虱体内,而雄性卵则产于已经被同种雌蜂或其他蚜小蜂寄生过的粉虱体内,由此形成两性寄生于同一寄主体内、3个幼体同体的超寄生现象。浅黄恩蚜小蜂可以寄生于烟粉虱的所有若虫阶段并完成发育,但以寄生于三龄和四龄前期的若虫最为适宜,寄生率也最高;而一龄和四龄后期的若虫则不适于寄生,寄生率低。一般而言,雌蜂从卵发育为成蜂需要11.3～15.0天,而雄蜂需要12.1～14.6天。研究表明,在木薯田里,浅黄恩蚜小蜂和烟粉虱能够长年共存(Lal,1980;Palaniswami,1990)。在温度30℃～40℃、空气相对湿度50%～60%的环境中,其寄生率为25%～63%。

③双斑恩蚜小蜂:属于膜翅目,蚜小蜂科。2000年被首

次描述，也是烟粉虱的主要寄生性天敌之一。一头烟粉虱若虫体内通常被寄生1粒双斑恩蚜小蜂卵，有时为2粒，最多可达3粒。研究表明，该蜂从卵发育为成虫，雌虫约需12.7天，雄虫约需14.5天。

（2）桨角蚜小蜂属　桨角蚜小蜂属的种类均为单寄生，多数为孤雌产雄生殖，少数也可行孤雌产雌。桨角蚜小蜂（*Eretmocerus eremicus*）是该属中研究应用较多的种，属于小型寄生蜂，为美国加利福尼亚州和亚利桑那州南部沙漠地区的本土种，是粉虱的寄生性天敌。桨角蚜小蜂一般在烟粉虱一龄若虫腹部下面产卵，当发育至一龄期时钻入烟粉虱腹内。一龄若虫呈鸭梨形，二至三龄为球形。具有凹陷的口器，吸食寄主体液。桨角蚜小蜂既可寄生烟粉虱，又可寄生温室白粉虱、银叶粉虱。桨角蚜小蜂产卵和发育的最适宜温度为25℃～29℃，12天左右可以完成整个若虫期的生长发育。在27℃时雌成虫寿命为6～12天，每天产卵3～5粒，其寿命主要取决于温度和食物。桨角蚜小蜂可以以很快的速度迅速飞向粉虱，并利用产卵器探刺粉虱若虫，一般被探刺过的若虫70%都会被寄生，属于攻击性的寄生蜂。

（二）病原真菌及其应用技术

烟粉虱的病原真菌主要分布在半知菌亚门（Deuteromycotina）的丝孢纲（Hyphomycetes），通过雨水、气流、粉虱成虫及寄生蜂等进行传播和再侵染，可以穿透昆虫体壁引起感染，故在粉虱病原物中研究应用最多。常见的有拟青霉（*Paecilomyces* spp.）、蜡蚧轮枝菌（*Verticillium lecanii*）、座壳孢菌（*Aschersonia* spp.）及球孢白僵菌（*Beauveria bassiana*）等。

1. 拟青霉菌　拟青霉菌颇似青霉属菌，其中玫烟色拟青霉(*Paecilomyces fumosoroseus*)和粉拟青霉(*Paecilomyces farinosus*)是目前研究应用较多的两种拟青霉。

玫烟色拟青霉属于半知菌亚门,丝孢纲,丝孢目(Hyphomycetes),丛梗孢科[Moniliaceae(Mucedinaceae)],拟青霉属(*Paecilomyces*)。寄主昆虫多样,能引起多种昆虫染病,可侵染 8 目 40 多种昆虫,包括半翅目、同翅目、鳞翅目、鞘翅目和双翅目等。该昆虫病原真菌分布广泛,主要分布于美国、英国、德国、法国、俄罗斯和中国等国家。该菌对烟粉虱卵侵染率很低,对烟粉虱若虫尤其是低龄若虫侵染率很高,对烟粉虱成虫侵染率较低,在适宜条件下能引起烟粉虱成虫流行病的发生。黄振等(2007)进行的玫烟色拟青霉分生孢子液侵染烟粉虱多个虫态的研究显示,烟粉虱一龄和二龄若虫的死亡率均达到了 80%以上,其中二龄最敏感。玫烟色拟青霉菌已在美国、印度次大陆等国家及地区的温室和大田的烟粉虱种群中引起流行病。20 世纪 80 年代末期,该菌在美国已作为微生物杀虫剂用于扶桑、一品红等花卉上烟粉虱的防治,推荐使用量为 3 千克/公顷,每隔 5～7 天施用 1 次,连续施用 2～4 次,效果较好。

粉拟青霉与玫烟色拟青霉类似,寄主范围广,能侵染同翅目、鳞翅目、鞘翅目、半翅目、膜翅目、双翅目等害虫,也是世界性分布。气温在 10℃～25℃、空气相对湿度为 80%左右时,粉拟青霉对害虫的防治效果最好。

2. 蜡蚧轮枝菌 蜡蚧轮枝菌属半知菌亚门,丝孢纲,丛梗孢目(Moniliales),丛梗孢科,轮枝孢属(*Verticillium*)。是一种虫生真菌。寄主范围比较广,常寄生于蚜虫、蜡蚧亚科、天牛、小蠹虫和粉虱等昆虫,广泛分布于热带、亚热带和温带地区。蜡蚧轮枝菌可侵染烟粉虱若虫和成虫,对烟粉虱卵的侵染率极低，并且各龄若虫间的侵染率无差异，其防治效果随湿度的下降而降低。在西班牙南部，当地居民防治温室粉虱和烟粉虱在释放小花蝽等捕食性天敌时，常结合使用蜡蚧轮枝菌，取得了较好的控制效果。高湿环境是蜡蚧轮枝菌孢子萌发、侵染以及流行的必要条件。该菌制剂在20世纪80年代在英国作为微生物杀虫剂开始商品化生产，之后荷兰、西欧国家、俄罗斯及中国等许多国家都进行了相关研究。烟粉虱发生时，购买蜡蚧轮枝菌杀虫剂产品，根据产品的推荐剂量及使用方法，即可收到控制效果。

3. 座壳孢菌　座壳孢菌是粉虱和介壳虫的重要病原真菌。在全球已经记录的约有50种，在亚热带地区均有分布，多在拉丁美洲和亚洲。我国有8种，主要分布在北京、福建和广西等地。是粉虱重要天敌的有粉虱座壳孢菌（*Aschersonia aleyrodis* Webber）和扁座壳孢菌（*Aschersonia placenta*），分类上属半知菌亚门，腔孢纲（Coelomycetes），球壳孢目（Sphaeropsidales），鲜壳孢科（Nectrioidaceae），座壳孢属（*Aschersonia*）。它们对烟粉虱也有较高的侵染率。在自然条件下，这两种菌对粉虱不同虫态具有不同的侵染率，依次为：一至三龄若虫＞预蛹、蛹＞成虫、卵。对粉虱的卵和成虫一般不会侵染。对若虫的侵染率较高，其感病死亡率占总致死虫数的89%～96.5%。邱君志等（2004）通过生物测定的方法，研究了粉虱座壳孢对烟粉虱的侵染效果，发现一至三龄若虫易受真菌侵染，其中以二龄若虫的侵染率为最高，可以达到98%。早在20世纪30年代，美国已成功利用粉虱座壳孢防治了柑橘白粉虱。苏联和土耳其等国也先后开展研究，并取得大面积防治的效果。我国的起步相对较晚，且主要是利用挂枝或喷洒孢子悬浮液的方法来控制柑橘粉虱种群。挂枝法是指采集有座壳孢菌的枝叶，悬挂于粉虱高发区，利用座壳孢的自然传播控制粉虱种群，尤其在 4～5 月雨水多、药剂防治较困难的年份，防治效果显著；喷洒孢子悬浮液是指将含座壳孢菌橘叶捣碎加水稀释过滤后，以喷雾的形式防治粉虱种群。

4. 球孢白僵菌 球孢白僵菌属半知菌亚门，丝孢纲，丛梗孢目，丛梗孢科，白僵菌属（*Beauveria*）。是世界各国研究应用较多的一类昆虫病原真菌，广泛分布于世界各地，可侵染多种昆虫，目前已被记载的包括 15 目 149 科 700 多种昆虫和蜱螨目的 6 科 10 多种螨和蜱。白僵菌通过体壁、消化道及呼吸系统感染昆虫，对烟粉虱卵的侵染率很低，对若虫的侵染率很高，侵染率随着害虫若虫龄期的降低而升高。邝灼彬等（2005）利用 1×10^8 个孢子/毫升的白僵菌悬浮液对一龄、二龄、三龄、四龄烟粉虱若虫进行侵染研究，结果表明，随着虫龄的增加，侵染率逐渐下降，第七天时对各龄若虫的侵染率分别为 84.88%、86.81%、55.94%和 38.78%。曹伟平等（2007）诱变筛选获得的球孢白僵菌菌株对烟粉虱二龄若虫的侵染率，在第六天就达到了 96.4%。白僵菌已在温室和大田试验中显现出较大的控制潜能。在美国已被登记注册，广泛用于防治大田作物和园林植物上的烟粉虱。

（三）其他生物防治方法

植物精油属于植物源农药，是一类植物次生代谢物质，具有生物农药的优点。已经有许多关于植物精油防治害虫方面的报道。研究显示，植物源农药对害虫具有毒杀、驱避、拒食和生长发育抑制等几个方面的作用。近年来，已有人利用植物源农药印楝素防治烟粉虱。

印楝（*Azadirachta indica*）系楝科楝属乔木，广泛种植于热带、亚热带地区。原产于缅甸和印度，在70多个国家有分布和种植，以印度等亚洲国家产量为最大。迄今，印楝中已发现了100多种化合物，至少有70种化合物具有生物活性，这些提取物对昆虫有拒食、干扰产卵、干扰昆虫变异使其无法蜕变为成虫、驱避幼虫及抑制其生长的作用而达到杀虫目的。

文吉辉等(2007)利用印楝素乳油驱避烟粉虱，在烟粉虱的各个虫态中，印楝杀虫剂对若虫特别是一龄若虫最敏感，蛹期最不敏感，对成虫驱避作用显著，可以使其取食量和产卵量减少。

四、物理防治

物理防治是应用各种物理因子，如光、热、电、温度、湿度和放射能、声波等，以及机械设备来消灭害虫或改变其物理环境，从而阻碍害虫发生或侵入，是一种较为理想的无公害防治方法。这种方法不像化学防治易导致生态环境恶化和害虫抗药性的增强；既消灭害虫又保护天敌，减少了污染。该法收效迅速，可将害虫消灭在大发生之前，或在某些情况下降低危害。现介绍几种常用的烟粉虱物理防治方法。

(一)黄板诱杀

烟粉虱成虫对黄色有强烈的趋性，利用黄板诱杀烟粉虱成虫，可有效减轻大棚内和田间的烟粉虱种群，并对翌年的虫源起着较好的抑制作用。黄板诱杀简单实用，无污染，是一种环保、高效的无公害物理防治方法。

1. 黄板诱杀方法 目前市场上已有黄板出售，但为了降低成本，可自制黄板。方法是：用旧的橙黄色硬纸板，或用油漆将硬纸板或木板的两面涂成黄色，然后在上面涂抹一层黏油(可用 10 号机油加少许润滑黄油或凡士林调成)，插或挂于田间诱杀。黄板悬挂高度为：不搭架作物以黄板下端略高于作物顶部为宜，搭架作物以架中部为宜。黄板的大小可以根据实际情况自行设置，如 20 厘米×25 厘米的方块或 100 厘米×20 厘米的长条，如果使用 15～20 厘米见方的黄板，每 667 米^2 大棚推荐使用 50 块左右，或每 20 米^{2}1 块的密度设置。当烟粉虱粘满板面时及时补涂黏油，一般可 7～10 天重涂 1 次。

2. 影响诱杀效果的因素 黄板诱杀的效果受到黄板的大小，悬插方式如方向、位置、密度，悬插高度，作物种类，天气以及烟粉虱自身的一些生物学特性的影响。

(1)悬插方式 不同作物、不同悬插方式诱杀效果不同。沈斌斌等(2003)指出，在露地黄瓜上垂直悬挂诱集量高于水平悬挂；Gerling 和 Horowitz 认为，在棉花上水平悬挂诱集量高于垂直悬挂。赵永根等(2008)利用黄板诱集棉田烟粉虱时发现，不同悬插密度对诱集效果的影响不表现梯度变化；但是在相同的高度与密度条件下，如将黄板悬插于棉花行间与行内棉株之间，则诱集作用表现出显著差异性，即悬插在行间的诱集效应远不如悬插于行内棉株之间。

(2)悬插高度 在露地蔬菜，黄板悬挂的高度与作物植株高度一致或略高时，对烟粉虱成虫的诱捕效果最好。邱宝利等(2006)将黄板放置在不同的高度对日光棚内番茄上的烟粉虱进行诱集，结果表明，在同一时间内以黄板上部与植株顶部持平的高度悬挂的黄板对烟粉虱和蚜小蜂的诱集效果最好。其次是以黄板上部与植株中部持平的高度悬挂的黄板，当黄板的底部高出植株顶部 30 厘米时对烟粉虱及蚜小蜂的诱集效果最差。侯茂林等(2006)的研究显示，黄板高度对诱集量也有显著影响，其中黄瓜冠层和冠层下部 15 厘米处黄板诱集量显著高于冠层上部 50 厘米处的诱集量。黄板对温室内烟粉虱成虫种群具有明显的控制效果，平均每 10 米^2 设置 1.5 块黄板，第五天和第十天的烟粉虱成虫减退率分别为 56.0%和 83.8%，校正防治效果分别达到 71.1%和 88.1%。赵永根等(2008)发现，黄板在棉田悬插高度与黄板诱杀效果表现出较大的相关性，黄板上端与棉花植株顶端齐平对烟粉虱具有最大的诱集效应。

(3)作物种类　根据周福才等(2003)的黄板诱集效果，黄板对花椰菜和菜豆田中烟粉虱成虫的诱集效果显著不同。花椰菜田中东西向放置的黄板诱集效果优于南北向，搭架的菜豆田中顺行向优于垂直行向；黄板放置高度，花椰菜田以黄板下端略高于菜叶顶部为宜，搭架的菜豆田以架中部为宜。潘长虹等(2008)也观察了黄板对花椰菜田和菜豆田烟粉虱的诱集情况，结果表明，花椰菜田与菜豆田获得最好诱虫效果的插板方向、高度都是不同的。花椰菜田以东西向插板、板高度为底端与花椰菜植株顶叶相平或略高时的诱虫效果最好；菜豆田则以黄板插于畦垄内、板面与畦垄平行、高度处于菜豆植株高中部时诱虫效果最好。

(4)其他因素　黄板对烟粉虱的诱杀效果还与天气、诱集时段以及烟粉虱的活动规律等有关。周福才等(2003)通过观察发现，烟粉虱主要在白天活动，9～10 月份正午前后活动性较强。花椰菜田黄板诱虫试验发现，11 时至 15 时 4 个小时的诱虫量占全天诱虫量的 63.84%，是 17 时至翌日 8 时时间段的 105 倍，而傍晚诱虫效果较差。烟粉虱成虫在晴天阳光充足时活动性较强，而阴天和雨天活动性较差。在花椰菜田中，晴天单板 24 小时平均诱虫 399.2 头，而阴天和雨天则分别为 6.8 头和 2.4 头。晴天的诱集效果明显优于阴天和雨天。赵永根等(2008)也指出，不同黄板悬插高度对烟粉虱成虫诱集效果不同，主要由于烟粉虱虽然具有趋黄习性，但其成虫飞翔力相对较弱，大多数只是在棉株空间范围内短暂飞翔活动，在没有外力胁迫下较少进行上行或远距离飞翔，所以离棉花顶端越高烟粉虱虫量就越少，自然诱集到的烟粉虱成虫也就少。

(二)温度控制

烟粉虱的生长发育繁殖与温湿度有密切关系。对于温室大棚等保护地栽培地，可以利用人工调控温室大棚内的温度防治烟粉虱。邱宝利等(2003)对南方地区 B 生物型烟粉虱在不同温度下个体发育和种群繁殖的研究，认为 26℃是 B 生物型烟粉虱种群增长的最适温度。向玉勇等(2007)对北京地区 B 生物型烟粉虱在不同温湿度下个体发育和种群繁殖进行了研究试验，结果显示，烟粉虱发育的适宜温度为 27℃～33℃，其总的存活率在 27℃时最高，低温和高温对烟粉虱的发育和存活均有抑制作用；温度的升高会使成虫的寿命缩短，从 18℃时的 41.3 天降低到 36℃时的 10.4 天，产卵量亦随之减少。因此，在生产上，可以利用不利于害虫生长发育、繁殖的温湿度来降低虫口密度，从而达到防治的目的。

高温闷棚一般选择在夏季休耕期的晴天，将大棚覆盖5～7天，密闭闷晒温度达到 60℃～70℃，可以消除包括烟粉虱在内的多种病虫害。王红静和范惠菊(2003)室内和温室试验表明，将棚内温度控制在 45℃～48℃，空气相对湿度达到 90%以上，闷棚 24 小时能取得防治烟粉虱比较好的效果。他们对番茄日光温室的烟粉虱进行了高温闷杀，当温度为 45℃～48℃，空气相对湿度为 89%～100%，保持 2 小时后，烟粉虱成虫的死亡率为 90.1%～96.3%，若虫死亡率为 23.6%～47.3%。

此外，在 12 月至翌年 1 月，特别是北方可以短期揭开大棚，利用自然低温杀死越冬虫态，降低越冬虫口基数。

（三）防虫网

采用防虫网覆盖栽培可以阻隔烟粉虱入侵。在以色列，几乎所有的番茄都生长在密闭的防虫网结构中。该结构由结实的塑料或良好的遮蔽物组成，可以避免番茄黄化曲叶病毒的入侵。某些防虫网还另外添加了专门吸收紫外线的物质，大量紫外线被吸收，但仍可让大量可见光通过。用这种紫外线吸收材料做成的网室，清除了可见光中的紫外线，可以扰乱昆虫的趋向和减弱寻找寄主的能力。在培育“无虫苗”时，育苗床与大田生产之间可以使用 40～60 目防虫网隔离育苗，避免苗期感染，防治烟粉虱传入。

具体操作方法是：冬春大棚栽培蔬菜等作物可在棚室四周及门口增设 60 目防虫网于薄膜内侧，以防掀膜通风时害虫侵入；夏秋可采用防虫网大棚全网覆盖栽培或顶膜裙网法栽培。

五、化学防治

化学防治法是指用化学农药防治植物病虫害和杂草等的方法，也称之为药剂防治，是当今国内外广泛使用的植物保护措施之一。化学防治有其突出的优点：收效快，方法简单，成本低。特别是在有害生物大量发生而其他防治方法又不能立即奏效的情况下，采用化学防治能在短时间内将种群或群体密度压低到经济损失允许水平以下，防治效果明显，且很少会受到地域和季节的限制。此外，农药可工业化生产，其品种和剂型多，使用方法灵活多样，亦能满足对多种有害生物防治的需要。随着植保技术的现代化发展，化学药剂的杀虫作用和施用效率得到更好的发挥。所以，化学防治在害虫防治中占有重要地位。

但是，在化学药剂的使用过程中，也出现了许多不可避免的问题。如长期大量连续地使用农药，会使农产品、土壤、地下水受到污染，间接威胁到人类的健康，而且使用广谱性杀虫剂虽杀虫效果好，但经长期使用，打破原本的生态平衡，使农田的主要害虫再猖獗或者非主要害虫上升为主要害虫，还易造成抗药性的产生。

因此，化学防治方法的关键在于趋利避害，合理、适时用药。要选择使用一些高效、低毒、低残留的选择性杀虫剂，同时也要改善使用技术，尽可能减少化学药剂带来的负面影响。常用的化学防治方法主要有喷粉法、颗粒撒施法、喷雾法、种苗处理法、熏蒸法、烟雾法等。

使用化学防治法，还需了解一些防治策略。总的原则就是与综合防治中的其他防治方法相互配合，以取得最佳效果。基本策略包括两方面：一是对作物及其产品采取保护性处理，力求将有害生物消灭在发生之前。如在作物栽种前对苗床、苗圃、田园施药，以杀灭越冬和作物苗期病虫；在作物表面喷洒保护性杀菌剂，以防止病原物的入侵等。二是对有害生物采取歼灭性处理。在作物生长期间，若有害虫发生应及时施药歼除，以控制和减轻发生危害的程度。这是化学防治中经常而普遍采用的急救措施。

化学药剂的杀虫作用可以分为胃毒作用、触杀作用、内吸作用、熏蒸作用、拒食和忌避作用以及不育作用等。

由于烟粉虱的体表被有蜡质，且繁殖快、世代重叠严重，极易产生抗药性，选用农药一定要科学合理。一是要选好对口农药。二是要注意不同类型、不同作用机制的农药间轮换使用，一般每茬作物施用同类农药不宜超过 2 次，提倡多施用不易产生抗药性的农药如矿物油等。三是要在烟粉虱发生早期用药，并杜绝盲目增加单位面积施药量和施药次数的做法。四是要讲究施药技术。

(一)常用化学农药种类与田间施药技术

1. 有机磷杀虫剂 这类杀虫剂的品种多，杀虫谱广，分解快，在自然界和生物体内的残留少，被广泛用于防治各类害虫，同时也具有杀螨的作用。但是这类农药大多数无选择毒性，对天敌杀伤力强，遇碱易分解，因此不能与碱性物质混用。

(1)敌敌畏 具有挥发性，特别是在较高温度下更易挥发。目前市场上提供的制剂主要有 50%、80%敌敌畏乳油，50%敌敌畏油剂，20%敌敌畏塑料块缓释剂，15%敌敌畏缓释颗粒剂等。在实际应用主要是药剂熏蒸防治烟粉虱。用 80%敌敌畏乳油 1 000 倍液喷雾，可防治成虫和若虫，每隔 5～7 天喷药 1 次，连喷 2～3 次，即可控制危害。或在花盆内放锯末，洒 80%敌敌畏乳油，放上几个烧红的煤球即可，此法每 667 米^2 须用乳油 0.3～0.4 千克。使用敌敌畏时应注意以下几点：①乳油稀释浓度不能低于 800 倍；②药液易腐蚀电镀器皿，不能直接喷洒在上面；③未用完的药剂要拧好容器盖子，以防挥发；④敌敌畏虽低毒，但也不能误食。

(2)马拉硫磷 又称为马拉松。是一种广谱性杀虫剂，有良好的触杀和一定的熏蒸作用。其残效期较短,低毒。主要制剂有45%马拉硫磷乳油,25%马拉硫磷油剂,70%优质马拉硫磷乳油(防虫磷),1.2%、1.8%马拉硫磷粉剂等。在具体使用时应注意防火。药剂保存应放在阴凉干燥处,且不宜贮存过久。在高浓度使用时,对瓜类、樱桃、梨、葡萄、豇豆易造成药害,应试验后再使用。

2. 拟除虫菊酯类杀虫剂 是近年来仿天然除虫菊酯的化学结构人工合成的一类杀虫剂。其特点是不仅保留了天然除虫菊酯的杀虫高效、强烈的击倒作用和低毒低残留的特点,而且还具有对太阳光具有稳定性的新特性。

(1)甲氰菊酯 其主要制剂有20%乳油、90%以上原药。防治温室白粉虱在若虫盛发期用药,20%甲氰菊酯乳油15~37.5毫升/公顷(有效成分3~7.5克/公顷),对水80~120升,均匀喷雾。残留期10天左右。20%甲氰菊酯乳油2 500~3 000倍液喷雾。此品毒性为中等毒性,如不慎服用,不要催吐,否则会加重病情。中毒者要平躺、静卧,并立即送医院治疗。使用本品时应注意以下几点:①喷药要到位,因为本品无内吸作用;②低温时使用药效更好;③不在池塘等水源处施药;④不要与碱类物质如波尔多液等混合使用,否则会降低药效。

(2)联苯菊酯 是一种广谱性杀虫剂,具有触杀、胃毒作用,对土壤环境安全,持效期长久。制剂主要有2.5%、10%乳油。在烟粉虱初发生时期,虫口密度低时施药。温室栽培的黄瓜、番茄每667米^{2}用2.5%联苯菊酯乳油80~100毫升;露地栽培施药2.5%联苯菊酯乳油150~240毫升/公顷喷雾。2.5%联苯菊酯乳油1 500倍液对烟粉虱若虫和成虫防治效果较好,但对其伪蛹防治效果较差。本品的使用应注意施药均匀，尽量减少连续施药次数，以延缓抗药性的产生；不与碱性物质混用，以防降低药力；不在池塘等水源处喷药，以防天敌、水生生物中毒；同甲氰菊酯一样在低温时使用，药效更好。

3. 昆虫生长调节剂 昆虫生长调节剂是一种非神经毒剂，具有独特的作用方式，目前用于防治烟粉虱的昆虫生长调节剂主要有噻嗪酮和蚊蝇醚等。使用此类药剂时，应避免在每个作物生长季中单独多次使用，以防止烟粉虱对昆虫生长调节剂抗性的产生。由于昆虫生长调节剂对成虫无直接毒杀作用，不能防止烟粉虱传播病毒病。

（1）噻嗪酮 是一种新的噻二嗪几丁质合成抑制剂，可抑制昆虫生长发育。本品对成虫几乎没有杀伤力，但可抑制卵的孵化，对幼虫的杀伤力极强，可使幼虫在末龄期至蜕皮期死亡。

田间使用 125～250 毫克/升的浓度可有效地控制烟粉虱的危害。但使用时需制定合理的防治阈值。在棉花的综合治理中，昆虫生长调节剂的防治阈值为每叶 0.5～1.0 头高龄若虫和每叶 3～5 头成虫。噻嗪酮常作叶面喷雾使用。

（2）蚊蝇醚 是一种非萜类保幼激素类似物，具有很强的叶片传导性，是一种对多种害虫包括烟粉虱在内有残留杀虫活性的高效昆虫生长调节剂。它的作用机制是具有保幼激素类活性，破坏虫体内正常的激素平衡，从而抑制胚胎发育、变态和成虫形成。同噻嗪酮一样，蚊蝇醚对粉虱成虫没有直接的毒杀作用，主要通过接触叶片表面的卵直接抑制胚胎发生，或者通过接触成虫（卵巢传导）而间接地抑制胚胎发生。蚊蝇醚以叶面喷雾使用为主。

田间使用，0.1 毫克/升浓度的药液浸渍处理 0～1 天的卵,可有 90%的卵不孵化,但随着卵龄增加,受抑制程度降低。雌成虫接触用药液处理过的棉花或番茄幼苗,产下的卵完全不能孵化。以 0.04～5 毫克/升浓度处理若虫,可减少末龄若虫的蜜露分泌量,并完全抑制成虫的形成。

4. 新烟碱类杀虫剂 是一类新的神经毒剂,作用方式特别,其作用于昆虫的中枢神经系统,对突触后乙酰胆碱受体产生不可逆抑制。这类杀虫剂有相对大的水溶性和相对小的分配系数,因而有优良的内吸性和长的持效期,对刺吸式昆虫如烟粉虱特别有效。烟碱类杀虫剂对哺乳动物毒性低,对非靶标昆虫相对无毒,但对多数害虫高效。施药方法多种多样,有叶面喷雾、土壤淋灌、沟施、表土下施用颗粒剂和液剂、种子处理、植株涂药等。

(1)**吡虫啉** 是最早登记用于防治烟粉虱的烟碱类杀虫剂,具有优良的根部内吸性和很强的触杀和胃毒作用。吡虫啉通过土壤处理对烟粉虱有长的持效期。吡虫啉虽水溶性较大,但它在土壤中不容易流失,易被土壤吸附,特别是易被有机质含量高的土壤和阳离子交换量高的黏土吸附。吡虫啉在土壤中稳定,在果实中降解较快,残留量低,不影响食用。

目前的制剂主要有原药,10%可湿性粉剂、12.5%可溶性液剂、5%乳油、70%种子处理剂、20%可溶性液剂等。

吡虫啉在土壤中的施药位置很重要,可影响到植物的有效吸收和对烟粉虱的控制。对于蔬菜和瓜类作物,将吡虫啉施到活动的根区土壤溶液中,能取得理想的防效:对于莴苣,将吡虫啉注入苗床播种沟下 3～4 厘米的土层中并接着灌水,莴苣根可最佳地吸收和转移药液,对烟粉虱若虫具有最长的防效期;对于花椰菜,种植前将药剂注入种植沟下 5 厘米土中,比淋灌于种植沟更持久有效,定植后再将药液淋施到幼苗根部也能取得很好的持效期;在番茄田,无论是温室中淋灌待移植植株,还是定植后淋灌施药,均能取得好的防效;对于温室花卉如一品红,用吡虫啉药液淋灌是控制烟粉虱实用而有效的方法。

另一种有效的施药方法是滴灌施药,即将吡虫啉有效地直接施到作物的根系部位。在美国得克萨斯州和加利福尼亚州以及西班牙,采用滴灌施药的方法取得了很好的控制烟粉虱效果,并且对天敌和传粉昆虫没有不良影响。

(2)啶虫脒　属于第二代烟碱类杀虫剂,除具有触杀和胃毒作用外,还具有较强的渗透作用。杀虫谱较其他烟碱类杀虫剂广,持效期长,且对人、畜低毒,对传粉昆虫安全。

此药品的主要制剂有3%乳油、20%可溶性粉剂。对于烟粉虱的防治,应于种群发生初期虫口密度较低时施药。可用3%啶虫脒乳油1 000～2 000倍液喷雾。由于烟粉虱世代重叠严重,在同一施药时间内各虫态均有发生,不可能兼杀所有虫态,因此需要连续施药几次。使用本品时还应注意不可在桑园附近施药,因为本品对桑蚕有毒性;也不可与碱性药剂混用。

5. 一些新型杀虫剂

(1)噻虫嗪　是一种亚甲基硝基胺类杀虫剂,具有杀虫谱广、低毒的特性,其作用机制是其中的有效成分干扰昆虫的神经传导,模仿乙酰胆碱,刺激受体蛋白,使昆虫一直处于高度兴奋状态,直至死亡。噻虫嗪中的有效成分不会被乙酰胆碱酯酶分解,所以具有高的杀虫活性。值得注意的是,在施药后害虫并不立即死亡,而是2～3天出现死亡高峰,但害虫接触药剂后会立即停止取食活动。

防治瓜类粉虱,可用25%水分散粒剂9～15克/公顷对水喷雾。喷药应选在清晨烟粉虱成虫不爱活动时进行。虫口密度大时应适当增加喷药次数,一般连续喷药 2～3 次可达到防治目的。

(2)吡蚜酮 是吡啶类杀虫剂的代表,对同翅目刺吸式昆虫有选择活性,对非靶标生物如鱼类、鸟类等安全。吡蚜酮作用机制是通过影响流体吸收的神经中枢调节而干扰昆虫正常的取食活动。吡蚜酮有叶片传导活性,并能在木质部中向顶部转移和在韧皮部中向基部移动,因此可用于叶面处理,也可作土壤处理。目前,本品的制剂有 25%可湿性粉剂。

吡蚜酮对烟粉虱等多种粉虱的成虫有效。在棉田单用时不能有效控制烟粉虱种群,与蚊蝇醚混用时能提高对烟粉虱成虫和幼期虫态的防效。用于防治烟粉虱的剂量为 120 克/公顷。

6. 微生物杀虫剂 以能使昆虫致病的微生物加工成的农药制剂,如阿维菌素,是一种防线菌产的抗生素,属于生化农药。其特点是:广谱性好,防治效果高,害虫不易产生抗药性,持效期长,对作物安全,低残留,易降解,对人、畜安全等。其制剂有粉剂、针剂、片剂以及含量为 1.8%的乳油、可湿性粉剂、水乳剂、微乳剂等。在烟粉虱大量发生初期可用 1.8%阿维菌素 3 000～4 000 倍液喷雾,一般 3～5 天喷 1 次药,连续喷药 3～4 次可完全防治。使用本品时应注意安全间隔期,不要随意加大使用量;本品对鱼类有高毒,避免在水源或鱼塘附近施药,也不宜在蜜蜂采蜜期施药;若人发生吸入中毒现象,应立即进行人工呼吸。

(二)抗药性监测与治理

1. 抗性机制 昆虫抗药性是指昆虫种群由于各种因素

随着时间的迁移，逐渐发展的具有忍受能够杀死正常种群或敏感种群大多数个体施药剂量的能力。这种抗性是由基因所控制的，是可遗传的。

目前有研究报道，对有机磷类杀虫剂表现抗性，是因为昆虫体内的乙酰胆碱酯酶不敏感。Byrne 等报道，在烟粉虱敏感种群中，乙酰胆碱酯酶活性是几种抗性种群的 10 倍之多。至于对拟除虫菊酯类杀虫剂，研究发现，部分烟粉虱种群产生抗性，是由于其内某些酯酶活性的增强，甚至有些酯酶活性是敏感种群的近 10 倍。但目前害虫抗新烟碱类杀虫剂的机制还不是很清楚，一些学者认为烟粉虱对新烟碱类杀虫剂抗性的形成与多功能氧化酶和酯酶有关。

此外，烟粉虱的生物型较多，生物型间的竞争取代也日益成为研究的重点，竞争取代的一个因素就是因为取代者对农药有更高的抗性。如具有纯合子的 B 生物型烟粉虱对菊酯类杀虫剂的抗性要比杂合子的 A 型烟粉虱高；地中海地区 Q 型烟粉虱对吡丙醚、吡虫啉等化学农药产生抗性，而 B 生物型烟粉虱对这些杀虫剂产生抗性的少，因此前者较难控制。这可能与烟粉虱不同生物型间的作用位点、代谢解酶能力等因素有关。也有研究表明，烟粉虱对杀虫剂的抗性还与酯酶和氧化酶共同作用的结果有关。

相信在今后的研究工作中，随着生物化学和分子生物学技术在害虫农药抗性机制方面不断深入研究，产生各种抗性的机制会更明了，也将会为农药的开发利用有指导作用。

2. 抗药性监测　自 20 世纪 80 年代初期，Dittrich 首次报道在苏丹棉区发现烟粉虱产生抗药性以来，在世界各地有烟粉虱发生的地区相继有烟粉虱抗药性的监测报道。常用的监测抗性的生物测定方法有玻璃药膜法、粘卡法、叶片圆盘法以及液压法。这些实验方法测得的结果，与大田药效试验的结果密切相关。Riley 等报道，烟粉虱对农药的抗性不仅表现在死亡率的下降，而且还表现在繁殖力的增强方面。这也是首次证明烟粉虱种群的筛选可以直接影响到烟粉虱的繁殖。

(1)对常规杀虫剂的抗性　20 世纪 80 年代中后期，Prabhaker 等首次报道了美国加利福尼亚州南部地区烟粉虱对对硫磷、倍硫磷和马拉硫磷产生了中等水平抗性，对二氯苯醚菊酯产生了高水平抗性。随后在北美一些地区陆续有烟粉虱产生抗药性的报道。

1994 年在美国的亚利桑那州，棉花田的烟粉虱对增效拟除虫菊酯的敏感性下降。1995 年烟粉虱敏感种群对甲氰菊酯和乙酰甲胺磷混剂产生抗性，并且对绝大多数的拟除虫菊酯产生了交互抗性。在 1995 年生长季结束，为了避免棉花产量的下降，重复多次使用了增效拟除虫菊酯防治烟粉虱，一些地区还是取得一定成效。到了 1996 年，在棉花上使用噻嗪酮和蚊蝇醚来取代增效拟除虫菊酯。在此后的几年中，由于噻嗪酮和蚊蝇醚的使用，减少了拟除虫菊酯的使用，目前烟粉虱对增效拟除虫菊酯还保持在一个相对敏感的水平。

在荷兰，温室 B 生物型烟粉虱种群对氯氰菊酯的抗药性比不敏感品系提高 700 倍以上。也可以认为，不同时期、不同地区烟粉虱种群对各类杀虫剂的敏感性存在着差异。

(2)对烟碱类杀虫剂的抗性　新烟碱类杀虫剂的作用方式不同于常规杀虫剂，但烟粉虱还是有可能对这类杀虫剂产生抗性的。在美国亚利桑那州，于 1993 年开始应用吡虫啉，1995 年开始烟粉虱对吡虫啉的敏感性有所下降，在 1999 年和 2000 年敏感性又恢复并保持在 1997 年的水平。也有发现，1999 年从意大利、2001 年从德国采集的 Q 型烟粉虱对烟碱类杀虫剂有高水平的交互抗性。Prabhaker 等在实验室用吡虫啉对烟粉虱进行了 32 代连续筛选，发现前 15 代抗性发展较慢(6～17 倍)，进一步筛选后却产生了高水平抗性，最高可达 82 倍。此研究说明烟粉虱对吡虫啉的抗性发展迅速。也有人对 1994 年、1996 年和 1998 年从西班牙 Almeria 地区收集的烟粉虱进行了抗性测定，发现烟粉虱对吡虫啉的敏感性逐年下降，并且在吡虫啉与噻虫嗪、啶虫脒之间存在高水平的交互抗性。并于 1998 年在温室甜椒上进行田间试验发现，用吡虫啉和噻虫嗪喷雾处理效果差，这进一步证实了实验室测定结果的正确性。1999 年从 Almeria 收集的 Q 型烟粉虱对噻虫嗪、啶虫脒和吡虫啉的敏感性下降了 100 倍以上，在以后的 2 年中，尽管该种群被保留在温室中不接触药剂，其敏感性仍不能恢复。世界其他地方的烟粉虱对烟碱类杀虫剂也存在不同程度的抗性。

(3)对昆虫生长调节剂的抗性　昆虫生长调节剂作用机制独特，但也摆脱不了烟粉虱抗性的问题。到目前为止，全球各国均有烟粉虱不同程度产生抗性的报道。在荷兰，1996 年报道了烟粉虱种群对噻嗪酮产生了 47 倍的抗性。在西班牙南部，1998 年报道烟粉虱种群对噻嗪酮的敏感性下降。在以色列，噻嗪酮于 1989 年登记在棉花上使用，开始使用的 2 年间敏感性没有明显的变化，使用 3 年后敏感性有轻微下降，但在大多数种植区，噻嗪酮对烟粉虱仍能提供足够的控制效果，并在抗性治理中起着关键的作用。在美国亚利桑那州，1993 年在棉花田监测到烟粉虱对噻嗪酮的敏感性有变化。接下来的 2 年，检测到烟粉虱对噻嗪酮的敏感性有下降趋势，1999 年敏感性明显增加，但 2000 年又下降到较低水平。

在以色列，于 1991 年开始应用蚊蝇醚，在一个生长季内连续使用3次，温室中烟粉虱的卵产生了554倍的高水平抗性，末龄若虫产生了10倍抗性；但是，每生长季只使用1次的，敏感性7年来没有变化。1998年，啶虫脒和丁醚脲的大量使用，取代蚊蝇醚后，烟粉虱对蚊蝇醚的敏感性增加。在美国亚利桑那州，1996年在棉花抗性治理中蚊蝇醚与噻嗪酮轮用，1996～1998年亚利桑那棉花烟粉虱对蚊蝇醚的敏感性没有下降，但1999年和2000年该州某些棉区烟粉虱对蚊蝇醚的敏感性明显下降，尽管在此期间蚊蝇醚的用量明显减少。到目前为止，在亚利桑那州，噻嗪酮和蚊蝇醚对烟粉虱仍保持高效，对棉花烟粉虱的防治仍起着重要的作用。

(4)对不同杀虫剂的交互抗性　由于许多杀虫剂的分子结构较相似，杀虫作用机制相同，当烟粉虱对一种杀虫剂产生抗性时，也会对同类其他杀虫剂产生抗性。目前，吡虫啉与噻虫嗪间的交互抗性，在田间已经得到证实；但蚊蝇醚与其他新型杀虫剂之间的交互抗性还无相关报道，这可以作为与其他农药轮用的药剂。

3. 抗性治理　杀虫剂的轮换使用是害虫抗性治理的主要措施之一。吡虫啉与蚊蝇醚轮用，可有效延缓烟粉虱对吡虫啉抗性的产生；吡虫啉和微生物杀虫剂球孢白僵菌轮用也能大大降低B生物型烟粉虱的种群密度，并保护B生物型烟粉虱的敏感性，但与球孢白僵菌轮用，可使吡虫啉的药效降低。因此，在早春用昆虫生长调节剂与昆虫病原菌混用防治，在初夏时再用吡虫啉防治，效果会更好。

利用增效剂，也是害虫抗性治理的措施之一。具体方法是利用能抑制害虫体内解毒酶活性的化合物与杀虫剂混合使用，提高杀虫剂活性，也能防止抗性的产生。

下面是以色列棉花的抗性治理与害虫综合治理相结合防

治害虫成功的一个例子。

以色列在 1987 年以前由于杀虫剂的不当使用，导致常规杀虫剂防治烟粉虱失败，于是 1987 年引入了棉花烟粉虱的害虫抗性治理项目。以色列的策略是将棉花的生长季分为 4 个时期，在每一时期使用特定的杀虫剂类群，并制定了杀虫剂轮用计划，在每个时期各种作用机制不同的杀虫剂只能使用一次。主要目标是在棉花生长季限制拟除虫菊酯和硫丹的使用，以延缓抗性产生，通过优化新杀虫剂的使用而保持它们长期的效果。该项目在治理烟粉虱种群中获得了很大的成功。

六、简明实用防治方案

（一）农业防治

农业防治的主要措施有：培育无虫苗，种植健全幼苗，全面控制其发生发展；搞好田间卫生，集中销毁整枝整下的腋芽、叶子及残枝等；作物收获后，要清除落叶残株，及时除草，以消灭虫源；对于温室大棚等保护地栽培地，培育无虫苗，严防将虫带入温室大棚；合理安排作物茬口，可种植一茬烟粉虱不喜好的作物如芹菜、叶用莴苣、韭菜、大蒜等，也可合理间作套种。

（二）物理防治

1. 黄板诱杀　见本章“四、物理防治”。

2. 高温闷棚　对于温室大棚等保护地栽培地，可以利用人工调控温室大棚内的温度防治烟粉虱。夏季休耕期的晴天，棚内温度控制在 45℃～48℃，空气相对湿度达到 90％以上，闷棚 24 小时能杀死 80%以上烟粉虱成虫；12 月至翌年 1 月，特别是北方地区，可以短期揭开大棚，利用自然低温杀死越冬虫态，降低越冬虫口基数。

3. 设置防虫网 冬春大棚栽培蔬菜等作物，可在棚室四周及门口增设 60 目防虫网于薄膜内侧，以防掀膜通风时烟粉虱侵入；夏秋可采用防虫网大棚全网覆盖栽培或顶膜裙网法栽培，阻止烟粉虱的扩散蔓延。

(三)生物防治

烟粉虱的天敌多，常见的有捕食性天敌小黑瓢虫、草蛉、盲蝽和寄生性天敌丽蚜小蜂等以及病原微生物座壳孢菌。其中，丽蚜小蜂商品化生产以及应用是最为广泛和成功的。

丽蚜小蜂防治烟粉虱的具体方法如下：①温度与光照条件。在保护地番茄或黄瓜上，要求温度在 20℃～35℃之间，夜间不低于 15℃，且光照充足。②放蜂时期。番茄或黄瓜定植后，挂置诱虫黄板，发现烟粉虱成虫后，每天调查植株叶片，当平均每株有粉虱成虫 0.5 头左右时，即可第一次放蜂。③放蜂间隔期。每隔 7～10 天放蜂 1 次。④放蜂次数。3～5 次。⑤放蜂数量。第一次 3 头/株，以后 5 头/株，原则上丽蚜小蜂与烟粉虱的比例为 3∶1。⑥释放虫态。可根据田间烟粉虱发生情况确定，原则上释放黑蛹的时间应比成蜂提前 2～3天，最好成蜂与黑蛹混合释放。⑦放蜂位置。将蜂卡均匀分成小块置于植株上即可。

也可利用自制座壳孢菌防治：采集有座壳孢菌的叶片，悬挂于粉虱高发区，尤其在 4～5 月份雨水多、药剂防治较困难的年份，防治效果显著；或将带座壳孢菌叶片捣碎，加水稀释过滤后喷雾。

(四)化学防治

根据烟粉虱发育进度,确定防治时间。若虫高峰期是烟粉虱药剂防治最佳时间。药剂防治烟粉虱一定要早,用药一般分为 2 个阶段。第一阶段为 3 月下旬至 4 月初,当烟粉虱开始上升时,用药 2～3 次,用药间隔期 7 天左右;第二阶段为 4 月下旬至 5 月初,大棚揭膜前,用药 2～3 次,并同时防治大棚周边杂草上的烟粉虱。

常用的化学药剂有:99%绿颖(矿物油,无毒)乳油 150 倍液;5%氟虫腈悬浮剂 1 500～2 000 倍液(安全间隔期 10 天);25%噻虫嗪水分散粒剂 15 000 倍液(安全间隔期 7 天);1.8%阿维菌素 3 000～4 000 倍液,喷雾,一般 3～5 天喷 1 次药,连续喷药 3～4 次可完全防治烟粉虱(在烟粉虱大量发生的初期);烟粉虱发生始盛期每 667 米^2 用 10%吡虫啉可湿性粉剂 20 克或 5%吡虫啉乳油 40 毫升,加水 30～40 升喷雾;1%甲氨基阿维菌素苯甲酸盐乳油 3 000～4 000 倍液喷雾(安全间隔期 3～7 天),盛发期 7 天左右喷 1 次,连续 3～4 次才能控制危害;4%联苯菊酯乳油 2 500～4 000 倍液喷雾,于烟粉虱发生始盛期施药。

化学防治应从外围向中心推进,即包围圈方法。用药时,要求叶片正反面均匀施药,特别由于烟粉虱在叶背取食和活动,施药时应注意叶背面需喷到,以确保防效。一般每峰期防治 1～2 次即可。鉴于粉虱繁殖迅速,能短距离飞翔或随风扩散蔓延,易传播,在一定区域内应联防联治,即统一时间集中防治,以提高总体防效。施药应选择在早晨或傍晚,避免在晴天中午进行。用药时注意蚕、蜂及水生生物等安全。

对于温室大棚等保护地栽培地,也可以采用温室大棚熏蒸防治烟粉虱。方法是:用敌敌畏烟雾剂或105异丙威烟剂750克/公顷;或者按每平方米使用80%敌敌畏乳油0.35毫升和2.5%溴氰菊酯乳油0.05毫升与消抗液0.025毫升混合,然后倒入点有蜡烛的凹铁皮中,按4～5个点/667米^{2}的密度设置,密闭熏蒸。

另外,由于烟粉虱极易对杀虫剂产生抗药性,因此应科学合理使用杀虫剂,以延缓抗药性的产生。国外制定了系列抗药性治理方案,其主要目标是:保护天敌;控制杀虫剂的使用;杀虫剂的多样化选择。具体措施如下:①交替轮换用药。在作物的生长季节选用1～2种昆虫生长调节剂类杀虫剂,如噻嗪酮、灭幼宝等。这类杀虫剂之间无交互抗性,且对天敌相对安全。同时注意尽可能延迟使用菊酯类杀虫剂。②应用增效剂。利用能抑制害虫体内解毒酶活性化合物(增效剂)与杀虫剂混合使用,可提高杀虫剂毒力,防止抗性发展。③选用对天敌安全的选择性药剂。

参 考 文 献

[1] 罗晨,张君明,石宝才,等.北京地区烟粉虱 *Bemisia tabaci* (Gennadius)寄主植物调查初报,北京农业科学,2000(18):42-47.

[2] 陈夜江,罗宏伟,黄建,等.湿度对烟粉虱实验种群的影响.华东昆虫学报,2001,10(2):76-80.

[3] 褚栋,张友军,丛斌,等.世界性重要害虫B型烟粉虱的入侵机制.昆虫学报,2004,47(3):400-406.

[4] 褚栋,毕玉平,张友军,等.烟粉虱生物型研究进展.生态学报,2005,25(12):3398-3403.

[5] 董辉.烟粉虱的发生规律与防治对策.现代农业科技,2007(13):96-97.

[6] 冯兰香,杨宇红,谢丙炎,等.警惕烟粉虱大暴发导致新的蔬菜病毒病流行.中国蔬菜,2001(2):34-35.

[7] 杜予州.B型烟粉虱对不同豇豆品种的选择及适生性研究.中国农业科学,2006,39(12):2498-2504.

[8] 耿青山,王慧,孔维娜,等.烟粉虱的物理防治.昆虫学研究进展,2005:173-176.

[9] 耿青山,马瑞燕.国外农业防治烟粉虱的成功技术.植物保护,2006,32(1):79-83.

[10] 何良发.烟粉虱防治技术.现代农业科技,2007(1):79-80.

[11] 何玉仙.烟粉虱田间种群的抗药性.应用生态学报,2007,18(7):1578-1582.

[12] 胡桂珍,彭青,李强,等.烟粉虱的发生及防治.上海农业科技,2007,6:122-123.

[13] 荆英,黄建,韩巨才,等.刀角瓢虫对烟粉虱的捕食作用.植物保护学报,2004,31(3):225-227.

[14] 柯俊成,陈秋男,王重雄,等.烟草粉虱种群分类学综述.台湾昆虫,2002,22(4):307-330.

[15] 林克剑,吴孔明,魏洪义,等.烟粉虱在不同寄主作物上的种群动态及化学

防治．昆虫知识,2002,39(4):284-288.
[16] 林莉,吴建辉．烟粉虱的分类及其寄生性天敌资源概述．广东农业科学,2008(1):39-41.
[17] 刘勤生．菜地烟粉虱发生特点及综合治理对策．现代农业科技,2008(7):54.
[18] 罗晨,姚远,王戎疆,等．利用 mtDNA CO Ⅰ基因序列鉴定我国烟粉虱的生物型．昆虫学报,2002,45(6):759-763.
[19] 罗晨,张芝利．烟粉虱的发生与防治．植保技术与推广,2002,22(3):35-39.
[20] 马瑞燕．入侵种烟粉虱及其持续治理．科学出版社,2005.
[21] 孟祥锋,何俊华,刘树生,等．烟粉虱的寄生蜂及其应用．中国生物防治,2006,22(3):174-178.
[22] 孟瑞霞,张青文,刘小侠,等．烟粉虱生物防治应用现状．中国生物防治,2008,24(1):80-84.
[23] 农业部农药检定所．新编农药手册(续集).中国农业出版社,1998:62-63.
[24] 蒋金炜,高素霞,王强雨,等．郑州地区烟粉虱寄主植物种类及发生动态．河南农业大学学报,2006,40(3):258-260.
[25] 邱宝利,任顺祥,孙同兴,等．广州地区烟粉虱寄主植物调查初报．华南农业大学学报,2001,22(4):43-47.
[26] 邱宝利,任顺祥,肖燕,等．国内烟粉虱 B 生物型的分布及其控制措施研究．华东昆虫学报,2003,12(2):27-31.
[27] 曲鹏,谢明,岳梅,等．温度对 B 生物型烟粉虱试验种群的影响．山东农业科学,2005(4):36-38.
[28] 任顺祥,黄振,姚松林,等．烟粉虱捕食性天敌研究进展．昆虫天敌,2004,26(1):34-38.
[29] 饶琼,张宏宇,罗晨．2007 湖北省烟粉虱生物型调查及入侵型 B 型和 Q 型的扩散．第一届全国生物入侵学术研讨会论文集．2008:19.
[30] 沈斌斌,任顺祥．黄板诱杀及其对烟粉虱种群的影响．华南农业大学学报:自然科学版,2003,24(4):40-43.
[31] 田定保．烟粉虱的发生规律与防治技术．现代农业科技,2008(2):93-94.
[32] 田家怡．烟粉虱在山东滨州大发生原因及防治技术,植物检疫,2002(5):278-279.
[33] 向玉勇,郭晓军,张帆,等．温度和湿度对北京地区 B 生物型烟粉虱个体发

育和种群繁殖的影响．华北农学报，2007，22(5)：152-156.
[34] 徐冉．大豆抗烟粉虱的鉴定体系研究．作物学报，2009，35(3)：438-444.
[35] 徐维红，朱国仁，张友军，等．烟粉虱在七种寄主植物上的生命表参数分析．昆虫知识，2003(5)：70-72.
[36] 徐文华，王瑞明．几种药剂对烟粉虱的田间药效试验．江西棉花，2006，28(5)：17-19.
[37] 杨永义，王竹红，黄建，等．4种寄主植物对烟粉虱发育、存活及繁殖的影响．华东昆虫学报，2006，15(4)：276-280.
[38] 姚士桐，马利萍，郑永利，等．几种药剂防治烟粉虱的田间药效试验．浙江农业科学，2007(6)：709-710.
[39] 虞轶俊，汪恩国，陈林松，等．烟粉虱种群数量消长规律与模型测报技术研究．中国农学通报．2007，23(9)：440-444.
[40] 万方浩．重要农林外来入侵物种的生物学与控制．科学出版社，2005.
[41] 王慧，孔维娜，马瑞燕，等．烟粉虱生物防治研究进展．山西农业大学学报：自然科学版，2005，25(4)：420-424.
[42] 王俊．烟粉虱研究动态与防治方法．新疆农业科技，2008(1)：44.
[43] 文吉辉，侯茂林，卢伟，等．印楝素的杀虫活性及对烟粉虱的影响．昆虫知识，2007，44(4)：491-496.
[44] 文吉辉，侯茂林，卢伟，等．印楝素乳油不同施用方式对烟粉虱寄主选择和产卵的影响．中国生物防治，2007，23(4)：333-337.
[45] 吴青君．B型烟粉虱对不同蔬菜品种趋性的评价．昆虫知识，2004，41(2)：152-154.
[46] 吴铁，杨德秋．烟粉虱的生物学特性及其防治．湖南农业科学，2005(1)：58-60.
[47] 吴永汉．B型烟粉虱识别与综合防治技术．温州农业科技，2007(2)：23-25.
[48] 张丽萍，张文吉，张贵云，等．山西烟粉虱寄主植物及其被害程度调查．植物保护，2005，31(1)：24-27.
[49] 张世泽，李建军，许向利，等．西安地区烟粉虱寄主植物及发生程度．西北农业学报，2007，16(4)：231-234.
[50] 张世泽，万方浩，花保帧，等．烟粉虱的生物防治．中国生物防治，2004，20(1)：57-59.
[51] 张芝利，罗晨．我国烟粉虱的发生危害和防治对策．植物保护，2001，27

(2):25-29.

[52] 周芳,陈书乔,陈哲,等．蔬菜田烟粉虱发生规律和综合防治技术．中国植保导刊,2007(2):21-22.

[53] 周福才,任顺祥,杜予州,等．转 Bt 基因棉和常规棉对烟粉虱生长发育和繁殖的影响．植物保护学报,2006,33(3):230-234.

[54] 周尧．中国粉虱名录．中国昆虫学,1949,3(4):1-18.

[55] 洪晓月,丁锦华．农业昆虫学．中国农业出版社,2007.

[56] 全国农业技术推广服务中心．农作物有害生物测报技术手册．中国农业出版社,2006.

[57] Bentz JA , Reeves J I , 1995. Nitrogen fertilizer effecton selection , acceptance , and suitability of *Euphorbia pulcherrima* (Euphorbiaceae) as a host plant to *Bemisia tabaci* (Homoptera : Aleyrodidae). Environmental Entomology , 24(1):40-45.

[58] Brown JK, Frohlich DR, Rosell RC, 1995. The sweetpotato or silverleaf whiteflies: biotypes of Bemisia tabaci or a species complex. Annu. Rev. Entomol. 40, 511-534.

[59] Martin, J. H. Whiteflies of Belize (Hemiptera: Aleyrodidae) Part 2—a review of the subfamily Aleyrodinae Westwood. Zootaxa. Auckland, New Zealand: Magnolia Press,2005:1-116.

[60] Perring T M. The Bemisia tabaci species complex. Crop Prot, 2001,20(9): 725-737.

[61] Ucko os, Cohen s, BEN-Joseph r. Prevention of virus epidemies by a crop free period in the Arava region of Israel. Phytoparasitica, 1998 (26): 313-321.